Karsten Beck

Kontinuum

Ist das schon Alles?

Impressum

April 2012 Autor: Karsten Beck
Veröffentlicht im Tredition Verlag Hamburg GmbH
Persönliche Umschlaggestaltung
Illustrationen von Shutterstock Images LLC
60 Broad Street 30th Floor,New York NY1004 USA
Printed in Germany

ISBN: 978-3-8472-4185-0

Inhalt

Einleitung

„Unser" Universum ist schon, so weit wir es erkennen können, anscheinend unermesslich groß. Gar unendlich, mit Anbau und Verlängerung. Und selbst diese Größe ist noch untertrieben.
Aber was ist schon wirklich unermesslich?
Selbst die Strecken, über die wir entfernteste Objekte gerade noch als Schemen erkennen können, können wir auch messen.
Mit der sogenannten Rotverschiebung. Ein Effekt der auch bei den Wellenlängen unseres Lichts auftritt wenn sie sich in unserem Universum ausbreiten.
Dabei werden die elektromagnetischen Wellen des Lichts aller Farben des Spektrums von sichtbarem Licht und anderen Erscheinungsformen von diesen Strahlungen umso weiter in Richtung größere Wellenlängen (Rot) verschoben je länger sie sich schon fortbewegen.
Vergleichbar mit einem ins Wasser geworfenen Stein dessen erzeugte Wellenlänge umso größer wird je länger sich diese Wellen schon auf dem Wasser ausbreiten bis sie auf das Ufer treffen. Hier

und jetzt ist das Ufer unser Auge.
Die Wellenlänge die wir am Ziel erkennen können unterscheidet sich natürlich von der zu Beginn der Reaktion die eine Strahlung erzeugt hatte als die Wellenlänge noch der Farbe weiß entsprach.
Was ich für eine relativ ungenaue Methode halte.
Wer sagt uns denn das es sich bei der Strahlungsquelle um eine handelte die weißes Licht produzierte?
Es könnte jede Art von Strahlungsenergie gewesen sein die produziert worden ist. Ultraviolette Strahlung, Röntgenstrahlung, infrarote Strahlung oder Mikrowellenstrahlung jenseits des Gamma Spektrums sowie auch jede andere Farbe des Spektrums der Wellenlängen des für uns sichtbaren Lichts oder jede uns noch unbekannte Energie- und Strahlungsart.
Da aus diesen Entfernungen um die es geht die Quelle der Strahlung nur noch schwer zu definieren ist idealisiert man das ganze etwas und nimmt einen Mittelwert.
Die meisten Sterne produzieren glücklicherweise weißes Licht und die wenigen Ausnahmen fallen bei der Gesamtmenge an Sternenlicht das von von einer Galaxie ausgeht kaum noch ins Gewicht.
Der Unterschied zwischen den Wellenlängen (Rotverschiebung) tritt ja bei jeder Strahlung gleichermaßen auf. Er Ist also relativ der Gleiche und man kann sich an ein Ergebnis annähern, wie bei der Kreiszahl Pi deren Wert niemals genau feststeht die aber auch kei-

ne Periode ist. Damit lassen sich trotzdem perfekte Kreiskonstruktionen berechnen wenn man siese Zahl schon auf 3 Stellen hinter dem Komma aufrundet. Die ganze Zahl hat unendlich viele Stellen hinter dem Komma was sie eigentlich unberechenbar macht.

Das hat aber nichts mehr mit den Wellenlängen zu tun.

Deren Ausdehnung ist ja konstant und es entsteht damit eine Differenz zwischen den Wellenlängen am Anfang und denen am Ende wenn die Wellen bei uns eintreffen.

Aus dieser Differenz kann man jetzt die Dauer der Ausdehnung berechnen. Da das Licht normalerweise eine konstante Geschwindigkeit hat lässt sich damit die Entfernung zum betrachteten Objekt, welches die Strahlungswellen abgegeben hat, berechnen. Ziemlich genau sogar sofern diese Strahlungswellen immer das gleiche Tempo haben.

Deshalb erscheinen uns die meisten fernen Galaxien auch in allen Farben bis auf weiß. Selbst die nächste

Galaxie, der Andromeda Nebel, erscheint schon gelb/grünlich bei einer Entfernung von ca. 200.000.000 Lichtjahren. Die Wellenlängen dessen Lichts haben sich auf ihrem Weg zu uns schon bis zu dieser Länge ausgebreitet die der Farbe entsprechen die erscheint.

Deshalb konnten die am weitest entfernten Galaxien auch nur noch mit Hilfe von Röntgen-, Infrarot- oder Mikrowellen-Teleskopen erkannt und vermessen werden. Deren Wellenlängen haben sich auf ihrem Weg zu uns schon bis zu einer Länge verschoben die jen-

seits der ultravioletten Strahlung liegt und von unserem blosem Auge nicht mehr zu erkennen sind.
Welches Maß sollen wir aber bei dessen Betrachtung wählen um diese Entfernungen auszudrücken. Wir orientieren uns hierbei am Besten an dem Maßstab der uns am größten erscheint.
Große Entfernungen sollten mit großer Geschwindigkeit zurückgelegt werden um den Zeitverlust so gering wie möglich zu halten. Geschwindigkeit ist ja eine Funktion die der Zeit unterliegt.
Die größte Geschwindigkeit besitzen hier in unserem Universum bislang die Elektromagnetischen Wellen wie das Licht und andere. Einige Quanten vermögen sich noch weit schneller zu bewegen als das Licht. Die sehen wir aber mit bloßem Auge nicht wirklich und sie sind auch grundsätzlich nur schwer zu lokalisieren. Aber wir können sie überall sehen. Sie verstecken sich in all den freiwerdenden Energien die in unserer Welt so anfallen wie z.B. Wärme, Schall, Licht, Bewegungsenergie oder was auch immer für bezeichnungen anfallen für potentielle und kinetische Energien.
Ein kleinen Wink zur Geschwindigkeit von Energie-Quanten ist das Karambolage Pendel. Wenn man an der einen Seite eine mit potentieller Energie also eine gegen die Erdanziehung angehobene Kugel los lässt verwandelt (transformiert) sich diese in kinetische Energie die in der Pendelbewegung steckt und dann auf die mittlere Kugelreihe prallt. Dann schießt just im gleichem Moment an der

anderen Seite eine Kugel mit der selben Energie aufgeladen wieder weg um sich wieder in potentielle Energie zu transformieren die dann in dieser Kugel steckt. Natürlich gibt es Reibungsverluste und das Pendel bleibt auch irgendwann stehen. Aber haben sie mal gezählt wie oft das Pendel ausschlägt. Ich auch nicht, aber sehr oft. Eins wird jedoch deutlich: Die Strecke von der einen Seite der Kugelreihe zur anderen ist theoretisch unbegrenzt. Es könnten unendlich viele Kugeln in der Reihe hängen und der gleiche Effekt würde auftreten wenn diese Kugeln alle Blitz blank poliert wären und jede Kugel einen direkten Kontakt zur Nachbarkugel hätte ohne irgendwelche Partikel oder dämpfende Atome, welchem Elementes auch immer, dazwischen. Das heißt die Strecke egal wie lang sie ist wird ohne Zeitverlust zurückgelegt. Geschwindigkeit ist eine Größe di sich aus Weg pro Zeit zusammensetzt. Ohne Zeitverlust bewegt sich diese Quantenform dabei mit absoluter Geschwindigkeit. Das heißt, sie ist im Moment des Kontaktes der Kugeln an jeder Stelle innerhalb der Kugelreihe zugleich. Bis sie dann wieder im gleichen Moment in dem die Kugel auf der einen Seite aufprallt auf der anderen Seite der Kugelreihe in einer gleich großen, schweren und schnellen Kugel wieder austritt. Den Ausgang für diese Energieform lässt sich nun frei wählen und kann an jeder Stelle dieser Kugelreihe entnommen werden. Es ist immer die Stelle am Ende dieser Kugelreihe und hat auch an jeder Stelle die gleiche Größe. Theoretisch, das heißt ohne Reibung die man auf der Erde schon allein wegen der atomaren Eigenbewegung durch thermische Einflüsse nie ausschließen kann.

Das ist aber überall, auch in mit Lichtgeschwindigkeit bewegten Bezugssystemen, viel schneller als Licht oder ähnliches.

Einzelne Quanten stehen aber in fast keinerlei Wechselwirkung mit normaler Materie. Man kann höchstens deren Existenz nachweisen da hin und wieder ein Atomkern von ihnen getroffen wird und anhand dessen Wechselwirkung ein Signal in einem Sensor entsteht. Sehen können wir aber nur das was die Art elektromagnetischer Wellen die wir als Licht bezeichnen auf unserer Netzhaut erzeugt. Etwas anderes können wir nicht sehen. Eine vom Licht erzeugte Spannung an den Rezeptoren unserer Netzhaut.

Quanten stehen wie gesagt sonst in keinerlei uns bekannter Wechselwirkung mit anderer Materie und erzeugen deshalb auch keine Spannung an den Rezeptoren unseres Auges. Wie Neutrinos, auch Energie-Quanten, die in großer Anzahl unseren Planeten durchdringen. Fast ohne eine Spur zu hinterlassen durchdringen auch sie alle Detektoren. Deren Nachweis gelingt auch nur aufgrund einer Wechselwirkung der von ihnen getroffenen Atomkerne die, wenn sie aus dem Wirkungskreis der sie umkreisenden Elektronen heraus gestoßen werden, sich wie ein Ion verhalten und die charakteristischen Spuren hinterlassen die uns eine Neutrino Passage verraten. Aber die Wahrscheinlichkeit das ein Atomkern direkt von einem Neutrino getroffen wird ist dabei verhältnismäßig gering da die Kerngröße eines Atoms innerhalb der ihn umgebenden Elektronenhülle eher winzig ist.

Ungefähr so groß wie ein Stecknadelkopf in einer Kirche wenn die Außenwände der Kirche die Elektronenhülle wäre.

Die Elektronenhülle durchdringt das Neutrino noch mühelos da es wie sein Name verrät neutral ist. Aber die Wahrscheinlichkeit das dieses Neutrino danach den massiven aber winzigen Kern des Atoms trifft ist genauso winzig wie das Treffen des Stecknadelkopfes in der Kirche von einem noch viel kleinerem Objekt das durch die Kirche fliegt. Also äußerst selten aber es geschieht dennoch.

Man nimmt also das Licht das vorher eine Distanz bewältigen muss bevor es auf unser Auge trifft.

Das Licht legt pro Sekunde 300.000 Kilometer zurück. Es ist für unsere Wahrnehmung sofort da wenn wir den Lichtschalter betätigen. Es benötigt dafür aber dennoch etwas Zeit. Nicht viel.

Mit diesem Tempo bewältigt ein Lichtstrahl pro Stunde eine Entfernung von 1.080.000.000 Kilometer. Pro tausendstel Sekunde, Zeitabstände um die es bei Wettkämpfen auf Zeit geht in denen nur noch Zielfotos eine Entscheidung anfechten können, sind es schon 300 km. Das ist durch halb Deutschland. Das sind am Tag schon 25.920.000.000 Km. In knapp 2 Zehntel Sekunden schafft es dieser Lichtstrahl schon um den ganzen Planeten falls er der Erdkrümmung folgen könnte. Sie sehen es kommen pro Tag einige Kilometer zusammen. Diese Strecke wird noch multipliziert mit 365. Man nennt diese Entfernung ein Lichtjahr.

Unvorstellbare 94.608.000.000.000 Kilometer. Sie werden sich fragen warum ich ihnen diese Zahlen an den Kopf werfe.

Weil ich möchte das sie wenigstens eine ungefähre Vorstellung von der Größe dieser Einheit bekommen. Sie wird noch einige Male in diesem Buch auftauchen und ich finde sie sollten dafür vorbereitet sein. Verzeihen sie mir Rechenfehler falls diese auftreten. Aber im Großen und Ganzen stimmen die Ausmaße. Für meinen Taschenrechner waren diese Zahlen zu groß weshalb ich sie auf Papier ausgerechnet habe und Fehler nicht ausschließen kann. Aber das ist ungefähr die Strecke welche das Licht in einem Jahr hinter sich lässt.

Die entferntesten Galaxien erkennen wir nur noch schemenhaft durch Gravitationslinsen die bei geeigneter Position von Galaxien entstehen und das Licht dahinter liegender Galaxien mit ihrer Gravitation, der auch das Licht unterliegt, bündeln im Hubble Weltraum Teleskop bei besten Bedingungen in ca. 15 Milliarden Lichtjahren Entfernung. Die Rotverschiebung wird durch diesen Linseneffekt nicht weiter beeinträchtigt da es sich nur um eine Vergrößerung des Abbildes handelt. Die Wellenlängen bleiben dabei unverändert.

Es scheint aber noch eine Art Zwischenraum zu existieren.

Astronomen waren wohl neugieriger als sonst und wollten mal

nach Draußen schauen. Ich vermute jedoch das sie die Möglichkeit hatten den Gamma Blitz einer Supernova zu beobachten und stellten dabei unerwartet hohe Entfernungen fest. Als sie nachher diese Stelle erneut anvisierten wunderten sie sich über den leeren Raum in dem sie das Nachglühen beobachten wollten. Da schaute man dann doch noch etwas genauer hin als üblich.

Vorausgesetzt es gibt ein draußen dann müsste man das doch an dieser Stelle sehen können an der nichts ist und die augenscheinlich schwarz erscheint. Als man nun diese dunkle Stelle am üblichen Nachthimmel über 19 Tage durchgehend belichtete erkannte man im Hintergrund Milliarden von Galaxien in einer Entfernung von 15 Milliarden Lichtjahren. Zuerst wird sie der unerwartet große Abstand von 15 Milliarden Lichtjahren verblüfft haben. Nach deren Hochrechnungen ist unser Universum nämlich erst 13,7 Milliarden Jahre alt. Wenn die Lichtstrahlen dieser Galaxien aber schon 15 Milliarden Jahre unterwegs sind dann haben sie ja schon 1,3 Milliarden Jahre vor dem Urknall ihre Reise begonnen. Es muss einen anderen Ursprung gehabt haben.

Ich weiß leider nicht ob die Objekte zwischen den nahen Galaxien und diesen fernen Galaxien ausreichend Beachtung gefunden haben. Aber man hat die entferntesten Galaxien erst kürzlich bemerkt.

Wenn sie sich das mal anschauen möchten finden sie im Internet unter www. Hubble Space Teleskope „Deep Field".de ein interessantes Bild davon. Dieses Foto konnte ich hier leider nicht verwenden. Aber man gewinnt dadurch einen ungefähren Eindruck von den unvorstellbaren Weiten mit denen wir es dabei zu tun haben.

Bis dort hin hat sich also unser bisher bekanntes Universum bereits ausgedehnt wenn man das Alter des Universums falsch berechnet hatte und es schon 15 Milliarden Jahre alt wäre. Oder finden wir, wenn wir in dieser Einstellung erneut eine schwarze Stelle suchen und noch einmal über eine entsprechende lange Zeit belichten wieder solch einen Anblick von vielen Milliarden weiteren noch viel weiter entfernten Galaxien?

Ich persönlich erwarte noch etwas mehr als das. Aber falls das vermutete Alter unseres Universums von 13,7 Milliarden Jahren stimmt könnten uns diese Bilder doch noch gar nicht erreicht haben. Es sei denn sie sind eines anderem noch viel älterem Ursprungs. Das ist sie nach meiner Theorie auch. Es ist aller Wahrscheinlichkeit nach unser eigenes Universum in seiner vorhergehenden Expansionsphase. Natürlich zum Ende dieser da sich hier schon seit einiger Zeit die dunkle Materie zu schaffen macht die vorher nur eine gleichbleibende Beschleunigung der Galaxien zur Folge hatte. Darüber später noch Näheres. Die Ausdehnungsgeschwindigkeit hat hier vermutlich schon fast die Grenze zur Lichtgeschwindigkeit erreicht und es fehlt nur noch ein gewisser

Schubimpuls das diese erreicht wird. Also erst kurz vor Schluss.
Unser Universum in dieser Zeitlinie hat seine Reise zu diesem Punkt im Kontinuum aber erst 15 Milliarden Jahre später mit seinem Urknall begonnen. Diesen Urknall gab es also schon einmal vor 28,7 Milliarden Jahren in dessen Zeitlinie es diese fernen Galaxien später noch mit Unterstützung der dunklen Energie auf dieses Tempo beschleunigte.

15 Milliarden Jahre später begann dann unsere Zeitlinie auch mit einem Urknall dessen Beschleunigung uns bereits bis zu dem Punkt befördert hat an dem sich unsere Galaxien derzeit in dem gleichen Kontinuum befindet. Aber wie weit wird sich unser Universum noch ausbreiten? Wahrscheinlich noch 15 Milliarden Jahre falls meine Schlussfolgerungen aus dieser Sichtung von Galaxien in 15 Milliarden Lichtjahren stimmen. Das ist wahrscheinlich der maximale Abstand den das Ende und der Anfang dieses Ablaufs voneinander haben müssen um sich temporal nicht in die Quere zu kommen. Das heißt mit dieser Entfernung wird sichergestellt das keine Energie von einem Ende vorher wieder zum Anfang kommt. Egal mit welchen Mitteln oder Wegen. Diese Zeitlinie ist eigentlich die selbe und erscheint in einem Kreislauf dessen 15 Milliarden Lichtjahre große Lücke eigentlich gar keine ist sondern den Raum darstellt den dieser Zeitraum erschaffen hat. Hierin spielt sich dann „Alles“ ab.

Wird diese Ausdehnung irgendwann gestoppt oder durch seine

eigene Gravitation wieder umgekehrt um sich erneut zu einer Singularität zu verdichten um dann wieder in einem Urknall zu expandieren? Durch Gravitation nach neuesten Erkenntnissen eher nicht. Zum erneuten Urknall kommt es aber trotzdem nur anders. Astronomen haben schon seit einiger Zeit festgestellt das sich unser Universum nicht mehr verlangsamt sondern wieder beschleunigt ausdehnt. Allerdings bin ich mir nicht sicher welche Beschleunigung sie dabei gemessen haben. Offensichtlich ist es Energie in Quantenform möglich diese Entfernung von 15 Milliarden Lichtjahren zu überwinden. Licht ist ja auch Energie in Quantenform. Das Licht was wir zu sehen bekommen nach dieser Strecke ist 15 Milliarden Jahre alt und enthält Beschleunigungen aus einem Zeitraum in dem es sich so verhielt wie wir das jetzt erkennen. Also vor 15 Milliarden Jahren. Unsere eigene Beschleunigung an diesem Punkt der Zeitlinie ist mit Sicherheit eine ganz andere falls wir uns nur auf die Messungen an diesen weit entfernten Galaxien beziehen wollen.

Erst kürzlich wurde diese Beschleunigung erkannt und mit einem Nobelpreis bekleidet. Für eine Sache die wir erst 300 Jahre nach der Erfindung der Spiegelreflex-Teleskope, mit denen solch weit entfernte Vorgänge erst hätten bemerkt werden können, registriert hatten.

Zu deren Verteidigung spricht das es die wirklich ausreichend

Großen erst seit 120 Jahren gibt. Ohne atmosphärische Störungen konnte man diese Entfernungen auch erst in jüngster Zeit mit dem neuestem Weltraumteleskop für eine genauere Untersuchung dieser Bewegungen bewältigen. Es gibt zwar heute schon Binokulare Teleskope auf der Erde die Bilder mit einer noch höheren Auflösung erzeugen aber die gibt es erst nachdem man diese Feststellung über die Ausdehnung vom Weltraum aus gemacht hatte. Stellen sie sich nur die Auflösung solch eines Teleskops im luftleerem Raum vor. Wer weiß was wir damit noch alles entdecken könnten.

Die Ausdehnung allein war ja schon viel früher von Hubble entdeckt worden. Allerdings auch von der Erde aus mit einem herkömmlichen Spiegelreflex Teleskop. Woraufhin das nach ihm benannte Weltraumteleskop in einen erdnahen Orbit gebracht wurde von wo aus man ohne atmosphärischen Beeinflussungen ungestört diese Ausdehnung beweisen konnte. Hier wurde dann eine Beschleunigung dieser Galaxien festgestellt, obwohl diese sich eigentlich hätten verlangsamen sollen anstatt schneller zu werden. Da wir deren Beschleunigung erst jetzt erkennen heißt das aber nicht das sie gerade erst damit begonnen hat. Wir haben gerade erst angefangen diese anzuschauen seit uns das Licht derer erreicht hat. Weiter entfernte Objekte können wir deshalb auch noch gar nicht sehen. Selbst mit den besten Teleskopen nicht. Es sei denn sie bewegen sich auf uns zu!

Bei der Feststellung einer Beschleunigung müssen aber immer mindestens zwei Geschwindigkeiten des gleichen Objektes miteinander verglichen werden. Ob die Ausgangsgeschwindigkeit dabei schon eine eigene Beschleunigung mit sich brachte kann nicht mehr festgestellt werden. Jedenfalls nicht in dieser Einstellung in der wir zwei Geschwindigkeiten des gleichen Objekts vergleichen. Die früher gehabten Geschwindigkeiten sind schon lange mit dem Licht das diese Objekte erzeugt hatten an uns vorübergezogen. Manche Dinge brauchen offensichtlich etwas länger um festgestellt werden zu können.

Aber lassen sie uns zu dem Lichtstrahl zurückkehren der sich ja konstant mit Lichtgeschwindigkeit fortbewegt. Aber wohin denn? Irgendwann müsste dieser Lichtstrahl doch auf irgend etwas treffen und reflektiert, abgebremst oder abgelenkt werden auf seinem Weg der, wenn er nicht beeinflusst wird, über die äußeren Bereiche unseres Universums hinaus gehen müsste. In die Unendlichkeit?

Dieses Ziel kenne ich nicht und keiner wird mir sagen können wo das ist. Offiziell besteht diese Größe sowieso nur in mathematischen Formeln als vermutete Unkenntnis und wird auch von mir dafür verwendet wenn mir kein Ende ersichtlich ist.

Diese elektromagnetischen Wellen und fast alle anderen immateriellen Energieformen die sich frei durch unser Universum bewegen sind Strahlungen aller Arten. Nirgends reflektiert oder abgebremst

würden sich diese Strahlen auf ewig weiter mit Lichtgeschwindigkeit fortbewegen. Irgendwie werden sie aber doch abgebremst und unterschreiten dann dabei die Lichtgeschwindigkeit.
Dann beginnen sie sich zu materialisieren. So wie alle anderen Strahlungen. Auch die welche beim Urknall entstanden sind.
Irgendwann verlieren auch diese Wellen ihre Bewegungsenergie, unterschreiten die Lichtgeschwindigkeit und transformieren zu dem so genanntem Bose-Einstein Kondensat.
Eine Transformation der Photonen, eine Quantenform des Lichts, die auch aus Wellenpaketen bestehen in Bosonen beginnt. Das ist wahrscheinlich die Materie Urform. Verschiedene Strahlungsarten transformieren sich bestimmt auch in verschiedene Quanten. Immerhin wurden bislang schon 25 verschiedene Sorten nachgewiesen. Allerdings nur in Protonen. Es gibt mit Sicherheit noch viele andere Arten davon. Die Bosonen bringen aber schon den größten Anteil der in Materie vorhandenen Masse mit sich. Diese treten in zwei unterschiedlichen Sorten auf. Bei den bisher festgestellten 25 unterschiedlichen Quanten in Protonen kann es sich ja nur um die Quarks handeln die am Aufbau der beschleunigten Protonen beteiligt waren die man in den Teilchenbeschleunigern kollidieren lies.
Woraus Elektronen und Neutronen bestehen ist mir noch nicht bekannt. Mit Sicherheit enthalten diese eine vergleichbare Zahl an verschiedenen Quarks. Vielleicht ganz andere. Neutronen zumindest. Elektronen besitzen nicht genug Masse um mehrere Quarks

zu beinhalten, besitzen aber bestimmt ein anderes Quark als die in Protonen enthaltenen Quanten (Quarks).
Elektronen bewegen sich ihrerseits schon mit annähernder Lichtgeschwindigkeit um die Atomkerne und können deshalb schon nur sehr wenig Masse enthalten. Denken sie nur an die Fliehkräfte die in dem Tempo bei der Umkreisung des Kerns entstehen. Neben Elektronen enthalten aber viele andere bekannte Quarks auch kaum noch Masse. Es könnten sich also trotzdem mehrere unterschiedliche Quarks in einem Elektron befinden eben nur keine Bosonen wie sie bei der vorher genannten Kondensation auftreten wenn man Materie transformiert.
Leider konnte man Neutronen in den Teilchenbeschleunigern noch nicht auf die bisherige Weise untersuchen da sie sich aufgrund ihrer Neutralität nicht mittels Magnetismus beschleunigen lassen. Und diese Teilchenbeschleuniger arbeiten meines Wissens alle damit. Neutronen enthalten aber vermutlich die größte Anzahl an Quarks da sie ein Verbund aus Elektron und Proton sind und über eine größere Masse verfügen als Protonen. Elektrostatisch halte ich es jedoch für machbar auch Neutronen auf das dafür benötigte Tempo zu beschleunigen und miteinander kollidieren zu lassen.
Die Hintergrundstrahlung die viele Astronomen für das Echo des Urknalls halten ist höchstwahrscheinlich eines anderen Ursprungs. Falls sie doch reflektiert worden sein sollte, wo und an was?

Ist da draußen vielleicht doch noch etwas anderes das dieses Echo erzeugen konnte. Oder haben wir dort noch andere Strahlungsquellen zu erwarten? Ich denke weitaus mehr als das.
Unser Universum hat keine materiellen Grenzen. Es besitzt aber einen Anfang und ein Ende die einen gewissen zeitlichen Abstand voneinander haben. Die Abstände die wir noch erkennen können sind aber nur subjektiv festgestellte Entfernungen die das Licht oder andere Strahlen welches diese Objekte die wir gerade noch registrieren können vor entsprechender Zeit ausgesandt haben. Sie haben sich theoretisch in der Zeit die das Licht bis zu uns benötigt hat noch einmal so weit von uns entfernt wenn es sie, aus welchem Grund auch immer, auf Lichtgeschwindigkeit gehalten hätte. Das ist aber allem Anschein nach bei weitem nicht der Fall.
Unsere Galaxie hat sich ja bereits auch schon bis auf 600 km/sek. verlangsamt wenn man den Astronomen glauben darf die das festgestellt haben. Anders herum hätte die anfängliche Verwirrung dann auch einen Sinn gemacht. Das Universum müsste 28,7 Milliarden Jahre alt sein unm die Entfernung zu den entferntesten Galaxien in 15 Milliarden Lichtjahren zu rechtfertigen bei einem vermuteten Alter des Universums von 13,7 Milliarden Lichtjahre. Hier steckt hier noch der Wurm drin.
Sie sehen das Alter unseres Universums lässt sich nicht mehr weiter nur anhand von Objekten und deren Entfernung zu uns bestimmen da die Ausdehnungsgeschwindigkeit unseres Univer-

sums hin und wieder ihr Tempo zu wechseln scheint. Da diese Strecke von einem Lichtjahr aber nur mit konstanter Lichtgeschwindigkeit entsteht, die Ausdehnungsgeschwindigkeit aber seither davon abgefallen ist und scheinbar erst jetzt wieder zunimmt, liegen alle bisher damit errechneten Zeiträume in jedem Fall darüber.

Aber wann endet das alles und wann hat es wirklich begonnen?

1. Das Kontinuum

Bei der Frage ob unser Universum endlos ist interessiert mich am meisten der Begriff Ende. Als ich den Strahlungshintergrund erwähnte schloss ich durch ein fehlen der Reflektoren für die Strahlung aus dem Urknall auf eine andere Strahlungsquelle. Wo aber sollte diese sein? Irgendwo befindet sich offensichtlich noch ein anderer externer Herkunftsort. Wenn es aber ein Extern gibt dann gibt es auch ein Intern. Unser Universum befindet sich offenbar darin. Unser Universum darin müsste sich also im gleichen Raum befinden wie diese externen Strahlungsquellen.

Das ist aber vermutlich in seinen Ausmaßen begrenzt damit dessen Standort immer weitgehend festliegt.

Ich nenne diesen Raum unser „Kontinuum". Der Raum in dem sich unser Universum auf eine noch unbekannte immer gleiche Größe ausdehnen kann. Der Strahlungshintergrund hat also mehrere Komponenten. Ein Teil der Strahlung ist vielleicht hier entsprungen durch Radio, Funk, Fernsehen, Satelliten oder anderen irdischen

Quellen. Einen anderen Teil bekommen wir durch andere Wechselwirkungen oder von nuklearen Prozessen überall in unserem Universum. Der größte Anteil entstand aber vermutlich noch viel weiter entfernt hinter diesem Kontinuum in dem sich unser Universum schon seit 13,7 Milliarden Jahren ausdehnt.
Dieser Raum in dem sich unser Kontinuum befindet ist wahrscheinlich aber auch in einer begrenzten Umgebung enthalten, aber unendlich größer als dieses Kontinuum selbst.
In dieser Umgebung entsteht ausreichend Strahlung die dann in Quantenform in unser Kontinuum eindringen kann und dann als Hintergrundstrahlung von uns registriert werden kann. Die Begrenzungen sind hierbei aber immateriell. Es muss sich um eine andere Dimension handeln dessen Milieu unseres umschließt.
Zurück in unser Milieu das ich Kontinuum nenne mit unserem Universum darin. Das hat seine Expansionsgeschwindigkeit bis dato auf circa 600 Km/Sek verlangsamt. Unsere Galaxie die Milchstraße jedenfalls. Dabei gehe ich von einer Ausdehnung mit Lichtgeschwindigkeit am Anfang, dem Urknall den es wirklich gegeben haben muss, aus. Diese Geschwindigkeit hat sich auf Kosten der Entstehung von Materie und Gravitation die diese Materie erzeugt auf das heutige Niveau verlangsamt.
Seit kurzem wurde aber wieder eine beschleunigte Ausdehnung an fernen Galaxien festgestellt.

Diese Beschleunigung muss dann aber schon seit ihrem Beginn vorangehen. Wann dieser Beginn war lässt sich heute nur noch wage eingrenzen. Aber er muss vor den durch die Entfernung festgestellten 15 Milliarden Jahre gewesen sein da die Ausdehnungsgeschwindigkeit nur zu beginn Lichtgeschwindigkeit betrug, die Entfernung aber mit einem Parameter gemessen worden ist der 15 Milliarden Jahre von dem gleichem Tempo ausgeht.

Vielleicht haben Forscher nicht so genau darauf geachtet als sie diese Objekte das erste mal erkannten.

Aber wenn wir heute an Galaxien, Supernova oder anderen Objekten dank der Rotverschiebung ihrer Strahlungen eine Beschleunigung feststellen dann muss diese gemäß deren Entfernung in Lichtjahren auch vor der gleichen Zahl an Jahren begonnen haben. Wie stark diese Beschleunigung heute ist konnte ich bis jetzt nicht in Erfahrung bringen. Fakt ist aber je länger sie andauert desto schneller werden wir uns in unserem Universum voran bewegen. Angeblich beträgt die derzeitige Ausdehnungsgeschwindigkeit mit der sich unsere Galaxie fortbewegt 600 Km/Sek. Ein 500stel der Ausgangsgeschwindigkeit von 300.000 Km/Sek.

Immerhin noch 2.160.000 Kmh um es deutlicher zu machen!

Die Ausdehnungsgeschwindigkeit vergrößert sich aber ständig weiter. Hierin liegt wahrscheinlich auch der Grund für die Verschwiegenheit wenn es um den wahren Beschleunigungswert geht. Früher oder später werden sich nämlich alle Galaxien und alles

andere in unserem Universum das sich ausdehnt der Lichtgeschwindigkeit nähern. Dafür müsste diese Geschwindigkeit aber noch um das 500 fache ansteigen. Es wird also hoffentlich noch etwas länger dauern. Hinzu kommt aber auch noch die Rotationsgeschwindigkeit der einzelnen Galaxien um ihr Zentrum die man auch noch zu der Gesamtgeschwindigkeit addieren muss. Bei unserer Galaxie sind das 200 Km/Sek mit denen unser Sonnensystem um das Zentrum der Milchstraße rotiert. Das macht schon 800 Km/Sek mit denen wir uns insgesamt fortbewegen falls die Rotationsachse in Flugrichtung ist. Andernfalls unterscheiden sich die Geschwindigkeiten mit der Position in der Galaxie um +/- 200Km/Sek.
Addiert ist das aber immer noch nur ein kleiner Bruchteil der Lichtgeschwindigkeit der aber kontinuierlich anwächst. Bei Lichtgeschwindigkeit dann wird laut Einsteins Relativitätstheorie Masse in Energie transformiert. Um eine Panik unter der Bevölkerung zu vermeiden verschweigt man uns aber deshalb diesen Wert. Wahrscheinlich um den Zeitpunkt bewusst zu verschleiern bei dem, wie diese Leute meinen, alles zerstört wird. Zu ihrer Beruhigung, es wird nichts zerstört lediglich transformiert.
Wenn sich die Galaxien immer schneller und weiter voneinander entfernt haben dann wird sich dessen atomare Materie immer weiter abkühlen. Sofern dann alle Reaktionen beendet sind welche die Materie noch erwärmen können erreichen wir die 0° Grenze. 0°

Kelvin allerdings. Das ist eine Transformationsbedingung von Materie bei -273,15° Celsius. Kälter geht es effektiv nicht mehr. Bei dieser Temperatur ist jede Eigenbewegung der Atome zum Stillstand gekommen. Dieser Stillstand macht nun eine Veränderung im Aufbau der Elemente möglich.

Nahe dieser Temperatur fällt Materie wie wir sie kennen in einen 4. Aggregatzustand. Es gibt nur 3 meinen Sie. Weit gefehlt, es gibt sogar noch einen 5. Aggregatzustand wie ich meine. Bei dieser Temperatur, jedenfalls Nahe dieser Temperatur, beginnt uns bekannte Materie aus Atomen sich auch in das sogenannte Bose-Einstein Kondensat zu verwandeln. Das gleiche das entsteht wenn Licht oder andere Strahlungen sich materialisieren sobald deren Wellen sich unter Lichtgeschwindigkeit verlangsamt haben.

Aber diese Transformation geht noch einen Schritt weiter.

Dazu muss die Temperatur, oder sagen wir hier lieber die Bewegungsenergie, noch etwas mehr abnehmen. Das wird aber einige Zeit benötigen da selbst Schwarze Löcher, das Endprodukt großer Massensammlungen wie Galaxien und großen Sonnen es sind, Strahlungen abgeben. Diese bestehen laut Stephan W.Hawking aber aus materiellen Partikeln. So genannten Antiteilchen von denen natürlich auch immer ein dazugehöriges Pro-Teilchen besteht mit dem diese sich wieder verbinden wollen und deshalb das Schwarze Loch verlassen. Wahrscheinlich aber auf Quantenebene und das auch nur bedingt da selbst Licht der Gravitation eines

Schwarzem Lochs nicht mehr entkommt. Die steigende Entfernung dürfte eine Beeinflussung fremder Objekte damit aber bald verhindern und somit die für eine Transformation benötigte Temperatur herstellen. Dann bei der Kondensation von Materie wenn 0°Kelvin erreicht sind begeben sich Atome mit all dessen Elementarteilchen zusammen, fragen Sie mich bitte nicht wie, in einen Quantenzustand und bestehen nur noch aus Wellenpaketen mit Quanteneigenschaften. Es sind dann ausschließlich Bosonen in diesem Kondensat enthalten. Diese Bosonen enthalten nun alle Masse der Quarks die für den Aufbau der nun so transformierten Materie nötig war. Da sie keine eigene Bewegungsenergie mehr besitzen werden die Elektronen die den Atomkreis umkreisten in die Protonen und Neutronen im Kern gestürzt sein als die Anziehungskräfte des Protons die Fliehkräfte aus der Kreisbewegung um den Kern übertrafen. Es ist nun ein flüssiger Zustand den das Kondensat aufgrund seiner Masse annimmt. Den 5. Aggregatzustand können wir wahrscheinlich nur im fernen Weltall beobachten da wir auf Erden zu viele Störungsquellen haben welche die Temperatur über - 273,15° C halten. Selbst im fernen All können Strahlen jedweder Herkunft noch für eine Temperatur sorgen. Bis zu einem gewissem Zeitpunkt wenn alles still steht und keine Bewegungsenergie mehr vorhanden ist. Dann wird sich alle Materie in unserem Universum in diesen Quantenzustand transformieren. Das man dieses Verhalten von Materie doch auf Erden beweisen konnte liegt daran das man mittels Magnet Top Fallen die Temperatur so weit senken konnte bis diese transformation begann. -273,15°C waren aber auch dabei nicht erreicht, man war sehr nahe dran. Genauso wie auch Wasser einen gewissen Spielraum hat wann es gefriert oder kocht. Zwar nur einige Grade aber einige Moleküle kristallisieren schon vor -4° Celsius, dem wahrem Gefrierpunkt von Wasser, und wer kennt das nicht der Wassertopf fängt auch schon viel früher an zu dampfen bis er kocht!

Im Quanten-Zustand existieren diese Quarks theoretisch an jedem Ort in diesem Quantenvolumen zur gleichen Zeit. Ähnlich wie bei dem Karambolage Pendel. Praktisch lässt sich kein eindeutiger Standort innerhalb des Quantenvolumens mehr feststellen aber es kann jederzeit im gleichem Moment austreten wenn die maximale Energiekonzentration erreicht ist.

Wenn 0°Kelvin dann tatsächlich erreicht werden, bei -273,15°C, dann transformiert dieses flüssige Quantenvolumen wahrscheinlich weiter in eine noch viel flüchtigere Form. Die Ausdehnung des Wellenpakets aus dem ein Boson besteht, die mittlere Entfernung der einzelnen Wellen in einem Wellenpaket voneinander, steigt mit abnehmender Temperatur. Das führt zu einer weiteren Transformation des Kondensats. Es bildet sich ein super kaltes Plasma das, wie ich es vermute, bei der letzten Transformation bei 0° Kelvin dann als zweite Bosonen Variante auftritt.

Es wird sich hierbei um die Higgs-Bosonen handeln die vorher den Verband aus allen anderen Quarks zusammengehalten haben.
Jetzt wo der Verband aufgelöst wurde entweichen alle Higgs Bosonen dem Kondensat. Was die beiden bis dahin zusammengehalten hat ist mir zwar ein Rätsel aber der steigende Wellenabstand, der bei 0°Kelvin wohl ein Maximum erreicht hat, löst dann auch diese Verbindung zwischen den massiven Bosonen und den anti gravitativen Higgs-Bosonen die kaum noch Masse enthalten. Diese Higgs Bosonen verhalten sich jetzt wahrscheinlich wie ein Plasma. Die übrigen Bosonen haben ihre flüssige Form die sie bei der Kondensation bekommen haben beibehalten mit fast aller Restmasse die nicht weiter transformiert wurde. Diese werden jetzt durch ihre Gravitation in die Materie unter sich gedrückt sofern sie sich über solcher befinden. Da sie im Quantenzustand sind dringen sie dann in das Kontinuum der Materie unter sich ein. Sie gehen der Dimension verloren aus der sie stammen und vereinigen ihre Energie mit der Energie in dem Kontinuum dieser Dimension unter sich. Hier reichern sie die Energiekonzentration des vorhandenen Quantenvolumens weiter an bis dieses einen gewissen Wert überschreitet und wie in der nächstgrößeren Dimension bei uns einen Urknall bewirkt. Das erzeugt mit diesem für uns kaum zu registrierenden Urknall eine Amplitude der Frequenz in der Energie aus der das Teilchen besteht. Darüber aber in späteren Kapiteln noch Näheres.

Das geht allerdings nur bei absolutem Stillstand aller beteiligten Teilchen da diese für eine Dimension unter uns unendlich groß sind und diese Transformation dafür benötigen.

So etwas wird sich auch ereignen fragen sie mich bitte nicht wie genau. Das diese Möglichkeit besteht haben wir auch schon am Beispiel der Lichtwellen gesehen die beim Unterschreiten der Lichtgeschwindigkeit auch in einen Aggregatzustand transformieren und wieder zu Materie werden.

Hierbei werden aber nicht mehr die schweren Bosonen entstehen da es hierfür an Masse fehlt. Es entsteht nur das Plasma aus Higgs Bosonen oder anderen Quarks die der Energiemenge der ursprünglichen Strahlung entsprechen aber fast frei von Masse sind. Alle Materie die sich nicht so weit abkühlen konnte erreicht durch die beschleunigte Ausdehnung aller Materie in unserem Universum irgendwann die Lichtgeschwindigkeit. Dabei kommt es zur maximalen Zeitverzögerung für Atomare Materie. Die Zeit bleibt tatsächlich stehen. Allerdings nur für die mit diesem Tempo bewegte Materie. Diese atomare Materie hat jetzt die maximale Energiemenge an kinetischer Energie erreicht die sich in Materie gleich welcher Größe zur gleichen Zeit befindet. Eine weitere Steigerung dieses Levels an Energiekonzentration hätte das gleiche zur Folge das mit aller Energie am Anfang passiert ist als sich das Kontinuumsweite Quantenvolumen auf einem Punkt verschränkt hat.

Eine Explosion im Stil des Urknalls. Natürlich bei weitem nicht so stark sondern nur so stark wie die Energiemenge es macht gemäß ihrer Größe. Aber die gesamte Energie die in all dieser Materie befindet, also auch die welche in der Masse steckt, vergrößert ihr Volumen um ein unendliches. Es gäbe einen riesen Knall.

Alle Bewegung stoppt bei diesem Tempo abrupt. Auch die atomare. Ich meine die Materie bewegt sich zwar weiter mit Lichtgeschwindigkeit durch den Raum voran. Wäre sie eine Uhr würden dessen Zeiger aber stehenbleiben. Dabei transformiert auch diese Materie in einen Quantenzustand wozu auch während der Kondensation bei -273,15°C ein absoluter Stillstand nötig war.

Vermutlich aber ein anderer Quantenzustand als der vorher beschriebene durch die Abkühlung entstandene. Dazu später auch noch mehr.

Auf diese Weise landet dann alle Energie der Materie aus unserem Universum in diesem Zustand in dem die Gesetze der Quantenmechanik nun voll zum tragen kommen können. Jedes Quark in diesem Quantenvolumen das ich Kontinuum nenne befindet sich hierin theoretisch zur gleichen Zeit an jedem Ort darin wenn man die Unbestimmtheitsthese der Quantenmechanik berücksichtigt.

Dann dürfte es nicht mehr lange dauern bis sich alle Teilchen, Quarks ist nur ein Name den man diesen Teilchen gegeben hat, am gleichen Ort zur gleichen Zeit befinden. Es kann eine Quanten-Singularität entstehen. Und wenn nun genug Energie in dieses Kontinuum eingegangen ist, alle Strahlen unter Lichtgeschwindigkeit gefallen sind und beginnen sie sich zu materialisieren, wird sich das gesamte Quantenvolumen irgendwann mit all seinen Wellenpaketen auf einem winzigem Punkt verschränken. Hier eine Obergrenze an Energiekonzentration überschreiten, explodieren und sich wieder ausdehnen um sich wieder voneinander zu entfernen wie zuvor beim letzten Urknall.

Dies ereignet sich offenbar kontinuierlich weshalb Kontinuum von mir als Begriff dafür verwendet wird. Wie oft sich dieser Vorgang wiederholt ist unbestimmt und hängt von dem Ergebnis der vorherigen Vereinigungen ab. Theoretisch kann mit diesem Ablauf in der Dimension in der sich das Kontinuum befindet alles angestellt werden. Aber ich hoffe es dient nicht nur als Antrieb von irgend einer Maschine wie wir sie in unseren Verbrennungsmotoren anwenden. Wir können hier sicher mit einem höherem Verständnis als dem unserem rechnen mit dem wir es noch nicht geschafft haben mehr aus Entdeckungen wie der Kernspaltung zu machen als Bomben daraus zu bauen oder mit der Wärmeenergie aus einer kontrollierten Kernspaltung Dampfmaschinen anzutreiben um dann Strom daraus zu gewinnen. Das selbe Verfahren zur Nutzung der Energie aus einer Kernfusion wird auch hier angestrebt neben dem Gebrauch als Bombe. Das wäre den Aufwand nicht wert.

Viel edler erscheint doch der Gedanke das dieses Pulsieren als Energiequelle in einem lebendem Organismus genutzt wird.

Schließlich handelt es sich hierbei um ein perfektes überdimensionales Perpetuum Mobile. Solange kein Teilchen dabei verlorengeht läuft es auf ewig weiter. Fügt man verloren gegangene Teilchen wieder hinzu ist dies eine zuverlässige Energiequelle. Wenn dieser hypothetische Organismus solch eine Energiequelle in jeder seiner Zellen besäße wie wir Mitochondrien in unseren Zellen besitzen dann wäre dieses Wesen wohl unsterblich oder sehr langlebig.

Die hohe Anzahl an verfügbaren Kontinuen von denen jedes Elementarteilchen mehrere beinhalten könnte legt solch eine multiple Anwendung nahe. Schließlich besitzen unsere Körper auch unzählige einzelne Zellen die dauerhaft Energie benötigen.

2. Dunkle Materie

Diese Materie ist nicht dunkel. Wir können sie nur nicht sehen und bezeichnen sie, ähnlich wie bei Schwarzen Löchern, nach dem was wir sehen können. Nichts außer einem schwarzen Loch.
Bei Schwarzen Löchern lässt sich wenigstens noch ein ungefährer Standort definieren da wir ihn durch den Ereignishorizont, die Entfernung zur eigentlichen Singularität ab der selbst Licht nicht mehr der Gravitation entkommt und eine runde schwarze Stelle erzeugt, eingrenzen können. Dunkle Materie jedoch ist nur deshalb nicht sichtbar weil sie immateriell ist, auch in Wellenform vorliegt und deshalb weder Licht aussendet noch reflektiert. Sie besitzt aber eine Eigenschaft die von uns als dunkle Energie bezeichnet wird. Aus den gleichen Gründen wie vorher beschrieben wird sie als dunkel definiert. Man kann sie nur anhand ihrer Auswirkungen auf andere Materie nachweisen. Anscheinend wirkt dunkle Materie anti-gravitativ. Dunkle Energie ist also eine von dunkler Materie ausgehende Kraft und bewirkt eine Abstoßung von normaler Materie. Diese abstoßende Kraft wirkt offenbar auch auf die Rotations-

kurven ferner Galaxien deren Außenbereiche deshalb früher oder später mit der gleichen Geschwindigkeit rotieren werden wie die inneren Bereiche. Sie müssten sich aber deutlich langsamer bewegen da sie sonst vom Zentrum der Galaxie fort geschleudert würden. Diese Reaktion lässt sich hierbei nur mit einem Druck von außen kompensieren. Was offensichtlich auch durch die dunkle Energie geschieht. Die dunkle Materie von der diese Kraft offensichtlich ausgeht müsste aber nicht nur um diese Galaxie im einzelnen umschlossen anliegen. Sie müsste unser gesamtes Universum auffüllen da auch sie in der Schwerelosigkeit dem Newtonschen Hauptgesetz der Dynamik (Aktion = Reaktion) unterliegt. Das heißt sie muss sich irgendwo mit der gleichen Kraft abstoßen die sie an anderer Stelle aufbringt.

Das macht sie anscheinend auch und zwar an anderer dunkler Materie. Wie in einem Gasvolumen muss eine Art Gesamtdruck vorliegen. Tatsächlich befindet sich laut astronomischen Berechnungen 80% aller Materie die in unserem Universum vorhanden ist bereits in diesem dunklem Zustand. Was wir am Nachthimmel erkennen könnten wenn wir eine 360° Optik hätten wären nur 20% von allem was da ist in unserem Universum. Es ist angefüllt mit dunkler Materie. Das die immateriell ist können wir daran sehen das wir überhaupt noch etwas sehen. Sie würde unseren Nachthimmel verdunkeln wäre sie aus normaler Materie. Das Sonnenlicht natürlich auch. Vielleicht nicht vollständig aber doch erheblich verdunkeln. Das beschleunigt aber leider auch eine voranschreitende Annäherung der rotierenden Massen der Galaxien an ihre Singularität im Zentrum. Wir sehen Quasi die letzten Zuckungen wenn eine Galaxie in diesem Zustand ist. Das Ende dieser Galaxie wird eintreten wenn seine rotierenden Massen in der Singularität verschwunden sind. Sie wird zu einem einzigen riesigen Schwarzem Loch und wird die Quanten die bei der Kompression der Massen in der Singularität übrig bleiben noch mit einem Gamma Blitz ins Kontinuum abgeben. Dieser Blitz wäre aber bei weitem nicht so stark wie der welcher bei einer Supernova entsteht aber dennoch spürbar. Schließlich entweichen dann alle Quanten die zur Zeit des Bestandes dieser Galaxie in einem Energiestrahl aus dem Zentrum der Galaxie entwichen sind als das Schwarze Loch darin nach und nach Materie verschlang mit einem Mal und enthalten all die Energie die in der Materie der gesamten Galaxie steckte.

Das heißt dort läuft ein ähnlicher Prozess wie bei uns ab nur zu einem viel früherem Zeitpunkt. Bis zu 15 Milliarden Jahre bevor wir es sehen konnten. Vielleicht sehen wir aber auch nur auf einen anderen Ablauf in einem angrenzendem Kontinuum. Wir schauen möglicherweise wirklich nach draußen wenn man unseren Standpunkt inmitten unseres Kontinuums bedenkt.

Wie ich erst gestern erfahren habe existiert neben den dunklen Zuständen der Energie und Materie auch ein Phänomen das sich

„Dark Flow“ nennt. Das ist natürlich eine amerikanisierte Bezeichnung wahrscheinlich um das Wort dunkel nicht noch ein 3. Mal als Definition zu verwenden. Aber auch hier wo dark dunkel bedeutet weiß man nicht worin die Ursache dafür liegt. Hierbei handelt es sich um eine festgestellte geradlinige Bewegung im Hintergrundstrahlungsbild. Dessen Bestandteil an Strahlung aus dem Urknall beträgt laut Hochrechnungen gerade mal 3% an der gesamten Strahlung die uns aus den Tiefen des Weltalls erreicht. 97% dieser Strahlung entstanden also in jener Dimension über uns. In diesen 97% der Strahlung die von Strahlungsquellen dieser Herkunft stammen müssten wurde nun diese Bewegung registriert. Dort vollzieht sich wahrscheinlich gerade ein Kontakt der Oberflächen zweier benachbarter Kontinuen miteinander in deren Materialverbund in der Dimension über uns.

Dort draußen berührt womöglich gerade Jemand oder Etwas den Gegenstand in deren Materie unser Kontinuum samt Universum darin nur ein Quark in einem Elementarteilchen eines ihrer Atome ist. Es wurde allerdings auch eine Bewegung ganzer ferner Galaxienhaufen in eine andere Richtung als die der Ausdehnung gesichtet.Da draußen scheinen Dinge abzulaufen dessen Auswirkungen wir gerade erst erkennen können. Also vor über 15 Milliarden Jahren.

Diese Feststellung beängstigt mich allerdings etwas da mit solch einem Kontakt problemlos haufenweise Material penetriert wird mitsamt all den Kontinuen und Universen in seinen Elementarteilchen in dessen Atomen. Zudem würde eine Strecke die in unserer Dimension einem Universums Durchmesser entspricht dort nur einen winzigen Bruchteil eines Nanometers ausmachen. Die Zeitdauer zur Bewältigung dieser Strecke wäre unendlich klein. Es wäre aus der Sicht eines Betrachters dort von einem auf den anderen Moment passiert. Daran sollten wir uns erinnern wenn wir das nächste Mal wutentbrannt auf etwas einschlagen oder aus welchem Grund auch immer unnötig Dinge berühren. Natürlich wird ein Atom mit solchen Belastungen spielend ohne nachhaltige Veränderung des Kerns fertig. Das liegt aber daran das die es umgebende Elektronen Hülle diese Belastungen vom Kern des Atoms fernhält. Wie sensibel ein Atomkern auf Beeinträchtigungen von außen reagiert sieht man an der Kernspaltung von Uran. Das ist zwar eines der größten Elemente in unserem Periodensystem und aufgrund der vielen Einzelbausteine relativ instabil. Aber es reicht der Einschlag eines einzigen Neutrons um diesen Kern zu zerteilen. In wie weit sich Belastungen auf die einzelnen Kernbausteine ergeben kann wieder nur spekuliert werden aber das irgendwelche irgendeiner Art entstehen kann behauptet werden. Letztendlich gelten hier bestimmt ähnliche Regeln wie bei den Newtonschen Gesetzen der Dynamik nur auf Quantenebene also mit relativ geringem Ausmaß und ohne den Faktor Zeit. Bei einem Kontakt würde sich aber auch dieser Zeitraum der Berührung unendlich vergrößern genauso wie dessen physikalische Auswirkungen auf das jeweilige Universum verlängern. Materie aus dieser Dimension, in der unser Kontinuum nur ein Quark ist, unterliegt in unserer Dimension bestimmt auch der Begrenzung der Höchstgeschwindigkeit von Licht ab der Materie in Energie transformiert wird. Ein Eindringen in unser Kontinuum, also den Teilchen aus denen die Teilchen gemacht sind aus denen deren Atome aufgebaut sind, wäre nur mit relativ großer Kraft möglich oder nur sehr langsam.

Vor 15 Mrd. Jahren befanden sich diese Galaxien also in diesem Zustand. Dieser Prozess hat dort möglicherweise schon lange geendet und ein Neuer hat begonnen. Theoretisch kann es also auch unser eigenes Universum in der vorhergehenden Expansionsphase sein. Wir würden uns in einer Kette von sich hintereinander ausdehnenden Universen mit einem Abstand von über 15 Milliarden Lichtjahren befinden. Oder immer dem gleichen dessen Ende vor über 15 Milliarden Jahren begonnen hat was wir heute sehen können wie ich es vermute. Die Zeitabstände können sich für die betroffenen Galaxien aber noch gehörig verkürzen wenn man bedenkt das sich unser Universum in dieser Zeitlinie schon 13,7 Milliarden Jahre vom Mittelpunkt also der Urknallposition entfernt. Der Abstand zu diesem Punkt an dem wir auch 15 Milliarden Lichtjahre davon entfernt ist aber nur noch 1,3 Milliarden Lichtjahre von uns entfernt. Das heißt das wir die Strecke von 15 Milliarden Lichtjahren, bis zu dem Punkt an dem wir die Stelle erreichen an der wir wie ich glaube den Transformations Zeitpunkt dieser fernen Galaxien sehen, in 1,3 Milliarden Jahren zurücklegen müssten. Das geht bei Lichtgeschwindigkeit aber nur in 15 Milliarden Jahren. Entweder verändert sich hier der Zeitverlauf im ganzen Kontinuum, was logisch wäre da sich das ganze Bezugssystem „Universum" ja zuletzt mit annähernder Lichtgeschwindigkeit ausdehnt und für eine große universumsweite Zeitverzögerung in dieser Zeitlinie sorgt oder es gibt noch mehrere Universen in einer Zeitlinie. Das müsste aber noch ein 3.Mal diese 15 Milliarden Lichtjahre große Lücke im Raum/Zeit Gefüge erzeugen. Möglich wäre es aber unmöglich für uns zu erkennen. Wir hätten aber auch gar nicht genug Platz dafür in diesem Kontinuum wenn man sich auf gesichtetes beruft.

Aber die dunkle Materie zwischen Anfang und Ende der Zeitlinie in unserem Kontinuum müsste uns doch abbremsen. Dafür müsste aber auch der Zwischenraum von über 15 Milliarden Lichtjahren mit dunkler Materie angefüllt sein. Diese ist aber schon ins innere unseres Universums in der vor uns liegenden Zeitlinie eingedrungen und beschleunigt dessen Ausdehnungsgeschwindigkeit erneut anstatt sie wie zuvor zu verringern.

Dabei erzeugt sie diese Frequenz der alles zu Grunde liegt.

Aber auch darüber später noch Näheres.

Es kann sich demnach auch um ein Nachbar Kontinuum handeln

dessen Kontinuum mit dem unseres Universums verbunden ist.
Es ist vielleicht ein Materieteilchen in der Dimension über uns und steht vermutlich in einer festen Verbindung. In einem Atom oder Molekül als Gas, einer Flüssigkeit oder einem Festkörper. Hier bei uns ist eine dauerhafte Verbindung von einer vorübergehenden Berührung sowieso nicht zu unterscheiden.

Die Zeiträume sind in diesem Dimensionen-Kontakt nicht mehr zu vergleichen da dort die Zeit wie wir sie hier kennen unendlich langsam vergehen müsste und jede Nanosekunde dort einer Ewigkeit bei uns entspräche.

Weil wir aber erst 15 Mrd. Jahre später eine Bewegung dort registrieren dauert es hoffentlich noch etwas bis uns hier physikalische Auswirkungen davon erreichen.

Zeit und Raum sind zum Glück gleichermaßen relativ. Das verschafft uns noch etwas Platz und Zeit.

Dunkle Energie ist also eine von dunkler Materie ausgehende Antigravitation. Diese ist es wahrscheinlich auch die unser Universum erneut immer weiter und schneller auseinandertreibt.

Ich kann mich jedoch nicht des Gedankens erwehren das es sich bei dunkler Materie um das ins innere unseres Universums vordringende Kontinuum handelt welches vorher unser Universum umschlossen hatte. Das müsste aber schon vor 15 Milliarden Jahren passiert sein wegen den vorher beschriebenen Entdeckungen.

Es hätte sich in unserer Galaxie längst ähnlich auswirken müssen wie in den beobachteten fernen Galaxien.
Neben der anti-gravitativen Wirkung der dunklen Materie sorgt aber noch ein anderer Umstand für Tempozuwachs.
Wir kennen diesen Umstand aus unserer Welt vom Aufblasen einer Seifenblase. Wir blasen sie auf bis sie platzt.
Wenn ihre Ausdehnungsgeschwindigkeit nahezu gestoppt wurde steigt sie wieder stark an wenn die Luft von innen nach außen gerät und die Blase zerplatzt. Bei unserem und allen anderen Universen wahrscheinlich auch handelt es sich um das sogenannte Quanten-Vakuum welches sich schlagartig mit dunkler Materie auffüllt. Das ist wahrscheinlich das was wir dort gesehen haben. Eine plötzlich beschleunigte Ausdehnung. Die dunkle Materie ist dort ins innere dieses Universums in zukünftiger Richtung auf unserer Zeitlinie eingedrungen und beginnt nun auch auf diese Galaxien zu wirken.
Aber vor über 15 Milliarden Jahren. Das ist doch angeblich älter als unser Universum. Das Ende zu Beginn? Irgend etwas scheint sich hier zu überschneiden. Das spricht wieder für die Aneinanderreihung von Universen auf einer Zeitlinie in diesem Abstand von mehr als 15 Milliarden Lichtjahren. Demnach müssten diese fernen Galaxien bald von unserem Nachthimmel verschwinden.
Nicht mit einem sichtbaren Ereignis wie einem Blitz da alle Energie dort in eine andere Dimension transformiert würde und damit

einfach von unserer Bildfläche verschwände.
Wir können dann davon ausgehen das es danach nicht mehr lange dauern kann bis unserer Abstand von 15 Milliarden Lichtjahren zum Mittelpunkt unseres Universums erreicht ist und ein Neuer Urknall anstehen kann. Dann wenn ein Maximum an Energie in das entstandene Volumen eingedrungen ist und eine kritische Energiedichte irgendwo irgendwann darin auf Quantenebene überstiegen wird. Dessen Auswirkungen dürften uns aber nicht direkt tangieren sondern höchstens noch mehr beschleunigen da all die dunkle Materie die dann noch vorhanden ist sich in unsere Richtung bewegen wird und seine abstoßende Wirkung damit noch verstärkt.
Vielleicht ist das auch die Ursache für unsere heutige Beschleunigung. Vermutlich dürfte diese aber erst in 1,3 Milliarden Jahren auftreten wenn sich durch die enormen Geschwindigkeiten nicht noch mehr in unserer Zeitlinie verändert als ich vermute.
Aber wieso sollte diese dunkle Materie ins innere unseres Universums gelangen wo sie sich doch von normaler Materie abstößt?
Im Kontinuum sammelt sich nach und nach immer mehr Energie aller Arten an die unser Universum von und mit sich gibt. Zu der die von außerhalb beigefügt wurde um den Ablauf in Gang zu halten oder Energie die unabsichtlich in dieses Universum geriet.
Alle Materie die in diesen vorher beschriebenen Quantenzustand transformiert wurde und alle Strahlen die hier materialisierten

bilden ein Quantenvolumen das unser Universum umgibt.
Aber auch noch andere Energieformen landen hier.
Das Quantenvolumen ist aber begrenzt. Durch das expandierende Universum wird der verbleibende Raum immer enger. Die Abstände zwischen den Galaxien werden aber immer größer. Irgendwann ist der Zeitpunkt gekommen ab dem es der dunklen Materie gelingt zwischen den Galaxien hindurch ins innere unseres Universums zu gelangen.
Dann geschieht das was wir heute, dort vor 15 Milliarden Jahren, hier sehen. Diese Universum große Blase platzt gerade und erzeugt diese Beschleunigung.
Wäre es unser Universum gewesen hätte sich diese Beschleunigung schon 15 Mrd. Jahre lang auswirken müssen und hätte die bei uns festgestellten 600 Kilometer pro Sekunde Ausdehnungsgeschwindigkeit längst weit überschritten.
Zumindest hätte sie unsere Milchstraße erkennbar verformt.
Das Kontinuum besteht also hauptsächlich, zu 80%, aus dieser dunklen Materie die wir nicht erkennen können weil sie immateriell ist. Wir erkennen auch nicht das es sich bei dem ins Universum eindringendem Kontinuum, das nach meiner Ansicht dunkle Materie ist offenbar um einen Quantenmix aller bekannten und unbekannten Energiearten handelt in dem sehr viel mehr steckt als man vermuten könnte.

3. Transformation

Die Transformation von gesamten Galaxien hat einige wichtige Auswirkungen auf die ich später noch zurückkommen will.
Wenn sich aber eine ganze Galaxie den Transformationsbedingungen bei Lichtgeschwindigkeit annähert dann muss sich bei Spiralgalaxien, die nur eine Form unter den vielen Erscheinungsformen von Galaxien sind, die Rotationsachse parallel zur Flugrichtung ausrichten um die benötigten Auswirkungen zu erzielen.
Dies geschieht auch weitgehend automatisch. Dadurch das sich die Bewegungsvektoren aufgrund der Drehimpuls Erhaltung in eine Richtung vereinen wollen können sie gar nicht anders.
Der Rotationsvektor steht danach senkrecht auf seiner Rotationsebene und damit in Achsrichtung die jetzt der Flugrichtung entspricht.
Dieser Effekt ist auch zu beobachten wenn wir ein drehendes Rad von uns weg werfen. Die Achsrichtung des Rades wird sich der Flugrichtung annähern.
Die eine Transformationsbedingung ist das erreichen von 0°Kelvin.
Die andere das erreichen der Lichtgeschwindigkeit. Womöglich gibt

es noch andere. Die sind mir aber noch nicht bekannt. Abgesehen von den freiwerdenden Energien bei chemischen, physikalischen oder anderen Reaktionen die ja auch in Quantenform als Licht, Wärme oder anderen Formen aus der betreffenden Materie austreten die bei der Reaktion beteiligt war bei der winzige Mengen der Materie während der Reaktion in Energie transformiert werden .
Das ausrichten der Rotationsachse in Flugrichtung hat aber zur Folge das alle Materie die sich um das Schwarze Loch im Zentrum fast jeder Galaxie dreht zur gleichen Zeit dieser Transformationsbedingung bei Lichtgeschwindigkeit nähert. Sofern sie sich schon lange genug mit unserem Universum ausdehnt. Ich meine 15 Milliarden Jahre dürften reichen um die Vektoren zu harmonisieren.
Die unterschiedliche Rotationsgeschwindigkeiten wurden bereits vorher durch die anti gravitativen Auswirkungen der dunklen Materie ausgeglichen. Dadurch bewegt sich jetzt all die Materie die nicht in der Singularität im Zentrum vereint wurde schneller als dieses Schwarze Loch voran. Um genau die Geschwindigkeit welche diese Materie durch ihre Rotation um die Singularität dazugewonnen hat. Diese Materie erreicht dann vor dem Schwarzen Loch die Grenze zur Lichtgeschwindigkeit.

Dieser Zeitpunkt wird also auch von dunkler Materie indirekt gesteuert. Dunkle Materie ist wahrscheinlich neben der festen Materieder Hauptbestandteil des Kontinuums und befindet sich theoretisch überall gleichzeitig innerhalb des Kontinuums das sich offenbar schon länger innerhalb unseres Universums befindet und schon lange benötigt wird. Darüber später noch mehr.

Hier lohnt es sich eine Tatsache zu erwähnen die sich bei der Untersuchung der Bestandteile von Materie immer wieder ereignete.

Lange Zeit blieb bei der Kollision von Protonen in den Teilchenbeschleuniger-Ringen nahe der Lichtgeschwindigkeit ein Hauptbestandteil verborgen.

Es war der Bestandteil der dem Proton seine Masse zuordnete.

Die Teilchen haben den Verband der Quanten aus denen das Proton zusammengesetzt war wahrscheinlich schon weit vor dem erreichen der benötigten Geschwindigkeit verlassen.

Das die Lichtgeschwindigkeit letztendlich nicht erreicht wird war diesem Teilchen wahrscheinlich zu unsicher. Falls man sie doch aufgespürt hat führe ich der Möglichkeit zu das man die Protonen bei niedrigerem Tempo hat kollidieren lassen.

Aber im großen Stil ereignet sich bestimmt das Selbe.

Dabei passiert offenbar folgendes. Die Quarks die in der Materie die Hauptmasse verkörpern verlassen wie zuvor in den Beschleunigerringen die nahe der Lichtgeschwindigkeit bewegte Materie.

Bevor Transformationsbedingungen erreicht werden bei Lichtgeschwindigkeit trennen sich die 2 Arten von Bosonen. Die Variante die jetzt noch nennenswerte Masse trägt, die Sorte die bei der Transformation beim 0 Punkt zu Boden geht, verlässt den Zusam-

menschluss von Quarks in der Materie zuerst.
Die Higgs Bosonen die offenbar den Bauplan der Materie tragen verbleiben aber noch in der Materie um die anderen am Aufbau der Materie beteiligten Quarks mit einem Energiefeld zusammen zu halten bis auch diese vollständig transformiert sind.
Die Materie beginnt ihre Transformation nahe der Lichtgeschwindigkeit und gewinnt schlagartig unendliches Volumen wenn die Formeln zur Relativitätstheorie auch hier gültig sind.
Dies müsste dadurch zu Stande kommen das in dem Moment in dem die Higgs-Bosonen die Materie verlassen auch das Energiefeld aufgelöst wird das die anderen am Aufbau der Materie beteiligten Quarks umschlossen hatte.
Da diese ohne Higgs Energiefeld, das die Gravitation umzukehren scheint, auch einander abstoßen dehnt sich ihr Volumen schlagartig nahezu unendlich aus.
Sie erinnern sich? Unendlichkeit, Universums Größe? So groß würde ein Elementarteilchen wie ein Proton, Elektron oder Neutron dabei werden trügen dann aber kaum noch nennenswerte Masse.
Das ganze würde einer Explosion gleichen die wir bei uns chemisch erzeugen würden.
Anders als bei uns würde das Quantenvolumen von fast unendlicher Größe nicht verfliegen wie eine Rauchwolke sondern durch den maximalen Abstand den diese Quarks jetzt einnehmen in einer

Form zusammen erscheinen.
Der Anteil der Materie an Bosonen mit Masse, die Sorte die auch bei 0°Kelvin entsteht nachdem das Plasma aus Higgs Bosonen entwichen ist, stürzt vorher in das Schwarze Loch ihrer Galaxie. Sie werden durch ihre Gravitation augenblicklich von der Singularität verschlungen wenn sich die fast schwerelosen Higgs Bosonen von ihnen getrennt haben.

Dieses Absondern von Massen versetzt der übrigen Materie noch einmal eine Beschleunigung. So wie ein Eiskunstläufer wenn er bei einer Pirouette die Arme anlegt beginnt sich schneller zu drehen. Wie zuvor wird dieser Geschwindigkeitszuwachs zu der Gesamtgeschwindigkeit addiert.
Hierbei erreicht die durch den Verlust der massiven Bosonen fast schwerelos gewordene Materie aus dem Orbit des Schwarzen Lochs im Zentrum der Galaxie schlagartig die Transformationsbedingungen bei Lichtgeschwindigkeit.
Wenn man unendlich jetzt noch als Maß wählen möchte dann ist alle Materie die hier noch vorhanden ist jetzt unendlich groß geworden.
Kurz bevor die Materie letzten Endes die Lichtgeschwindigkeit erreicht sondert sich jetzt auch der andere Teil der Bosonen ab der die Quarks in der ursprünglichen Materie in einem Elementarteilchen zusammenhielt. Diese Aufgabe übernehmen ab jetzt Higgs Bosonen aus dieser höheren Dimension die daraus, wie die Higgs

Bosonen der untergeordneten Dimension aus der die Materie kam, wieder eine Form machen. Sie sind hier auch unendlich groß und springen wie im Austausch für die Higgs Bosonen aus der vorherigen Dimension ein.

Die meisten alten viel kleineren Higgs Bosonen verbleiben damit auch im alten viel kleinerem Kontinuum um bei einer erneuten Expansion der sich kontinuierlich konzentrierenden Energie wieder aus allen vorhandenen anderen Quarks Materie zu erzeugen. Die Higgs Bosonen machen hierbei einen gewaltigen Zeitsprung über unsere Zeitlinie hinweg zum Anfang eines neuem Ablaufs.

Da ein fehlen der Higgs-Bosonen welche den Quantenverband zusammenhalten eine Antigravitation hinterlässt schreibe ich diese Eigenschaft auch den Quanten zu die übrig sind. So wie dunkle Materie die offenbar auch aus Quarks ohne Higgs Teilchen besteht. Die vorher unendlich groß gewordene Masse aus denen jetzt alle alten Bosonen entwichen sind befindet sich jetzt nicht mehr in unserem Kontinuum. Diese Masse fällt in der Dimension über uns einfach aus unserem Kontinuum aus da sie jetzt ein Volumen erreicht hat welches das des Kontinuums aus dem sie kommt weit überschreitet. In welcher Form sie hier austritt kann aber nur spekuliert werden. Naheliegend wäre das es als Plasma, das es auch zuletzt war, entweicht. Mit diesem Ereignis stoppt auch dessen Bewegung vielleicht auch die Zeit, wir hatten ja Lichtgeschwindigkeit erreicht. Aber in dieser Dimension läuft die Zeit für einen Betrachter aus unserer Dimension unendlich langsam ab. Man würde meinen sie bliebe stehen und würde damit unsere Naturgesetze bestätigen zu denen ich auch die Relativität von Raum und Zeit zähle. Jedenfalls für die Materie die fast Massenlos geworden ist. Der Rest wird durch seine Trägheit weiter katapultiert und überschreitet die Lichtgeschwindigkeit ohne weitere Transformation im ursprünglichem Kontinuum. Sie befindet sich ja im Schwarzem Loch der jeweiligen Galaxie und damit im Quantenzustand mit dem sie jedes Tempo annehmen kann.

Also auch alle noch mit massiven Bosonen beschwerte Energie darin. Die vorher zu Plasma transformierte feste Materie tritt Größtenteils auch wieder ins Kontinuum ein aus dem sie gekommen ist. Es reichert dort auch die Energiedichte weiter an. Das Schwarze Loch mit Lichtgeschwindigkeit wird aber nicht weiter transformiert, auch wenn es weiter beschleunigt nicht. Seine Materie befindet sich wie gesagt bereits im Quantenzustand und kann auch ohne weitere Veränderungen also ohne Volumenzuwachs die Lichtgeschwindigkeit überschreiten. Die gesamte Singularität um die sich vorher alles gedreht hat bewegt sich jetzt mit Überlichtgeschwindigkeit durch das alte Kontinuum. Sie Bewegt sich also weit weg von dem Ort an dem sie sich von der übrigen Materie aus der Galaxie getrennt hat. Aber wenn der Zeitpunkt gekommen ist und ausreichend Energie in diesem Kontinuum angekommen ist werden sich

all diese Quanten über Raum und Zeit hinweg unweigerlich irgendwann irgendwo wieder auf einem Punkt verschränken und zu einer Quanten-Singularität werden um den nächsten Ablauf zu starten und mit einem Urknall zu beginnen wenn eine gewisse Energiedichte auf diesem Punkt im Raum überschritten wird.
Bis dahin ist aber noch etwas Zeit zur Verfügung.

4. Eigenschaften der Energie

Energie wie wir sie kennen besitzt verblüffende Eigenschaften.
Außer den allgemein bekannten wie die aus den Energieerhaltungssätzen hervorgehenden zählt das Bestreben in materialisierter Form als Atom, dessen Konstruktion allein schon ein Meisterwerk ist, immer komplexere Verbindungen einzugehen.
Auf Kosten eines Energietransfers durch eine chemische oder physikalische Reaktion verbindet sich diese Energie, die hier als Materie erscheint, zu immer komplizierter zusammengesetzten Verbänden. Hierbei vollzieht Energie wohl die für uns hervorragendste Reaktion. Es entsteht Leben.
Zu dieser Tat benötigt Energie allerdings noch eine Fähigkeit die sie durch die vorher genannte Reaktion erst erhält.
Eigentlich ein Paradoxon aber Teil dieser Entwicklung die durch dessen Fortgang aufrecht erhalten wird.
Diese Eigenschaft besteht offensichtlich von Anfang an als Fähigkeit die der Energie innewohnt.
Die Produktion von Bewusstsein. Dessen Entstehung ist sicher nur

in einem zu komplexen Gedanken fähigem Gehirn möglich. Ist es aber erst einmal vorhanden so besteht es offenbar auf ewig als eigenständige Daseinsform. Bewusstsein kann deshalb auch unabhängig von Materie also als Energie in anderer Form existieren. Diese Form müsste zuvor aber alle Verbindungen zu jeglicher an ihr gebundener Materie aufgeben.

Ohne diese Verbindung, die ja wie festgestellt wurde das Higgs Boson herstellt, ist diese Energieform im Quantenzustand.

Das Bewusstsein ist also eine Energieform auf Quantenebene. Dieses Bewusstsein entsteht bei chemischen Reaktionen in unseren Gehirnen. Zunächst als elektrischer Spannungsunterschied zwischen den Synapsen im Gehirn. Später wird diese Energie dann bei einem Prozess den wir noch nicht durchschaut haben, wahrscheinlich durch den Zusammenschluss vieler verschiedener Gehirnregionen untereinander, in diese Quantenform gebracht.

Dieses Bewusstsein wird in gleicher Weise in der es einst entstanden ist in einen frei beweglichen Zustand versetzt wenn es soweit ist. Eine Seele erfüllt den gesamten Körper während seines Lebens. Von Kopf bis Fuß. Wobei der Kopf wohl den Hauptsitz darstellt da die Seele auch hier entsteht und später transformiert wird.

Dem Wesen in dem diese Seele entstanden ist entweicht diese sobald dessen Körper sein Leben beendet hat. Bevor der Hirntod eintritt wird dieses Bewusstsein noch in den nötigen Quantenzustand versetzt. Deshalb tritt der klinische Tod normalerweise auch immer eine gewisse Zeit vor dem Hirntod ein. Wenn Zustände in Todesnähe eintreten bei lebensbedrohlichen Unfällen oder Situationen entstehen bei denen sich der Betroffene schon verloren sieht läuft deshalb wahrscheinlich auch noch einmal sein gesamtes Leben vor seinen Augen in kürzester Zeit ab. Vermutlich wird hierbei sichergestellt das das Bewusstsein des Betroffenen schon vor einem vorzeitigem Hirntod ausgelagert wird um doch noch transformiert werden zu können falls der Körper samt Gehirn gleichzeitig zerstört wird.

Energie schafft es durch erlangen von mehr Komplexität eine noch viel komplexere Daseinsform zu erschaffen.

Hierzu möchte ich noch eine Tatsache erwähnen die erst durch dieses Bewusstsein der Energie auftreten kann.

Es ist die Beeinflussung der Materie durch seinen Betrachter.

Klingt wie Telepathie ist aber wahrscheinlich nur eine Vorstufe dahin. Diese Fähigkeit besitzt anscheinend jeder Mensch ohne es zu wissen oder sie bewusst einzusetzen. Vielleicht bewirkt diese Fähigkeit auch Vorgänge die wir nur noch nicht wahrnehmen können weil sie von zu geringem Ausmaß sind. Erst kürzlich hörte ich von Heiltherapien namens Quantenharmonie. Hierbei soll es ermöglicht werden können das regenerative Prozesse aktiviert werden bei denen sich beispielsweise Organe selber heilen können oder sogar Zähne nachwachsen, 3. natürliche und ähnliches das man

Schulmedizinisch nicht erklären kann. All die für eine Heilung benötigten unwillkürlichen Reaktionen sollen angeblich damit gesteuert werden können. Bewusste Selbstheilungskräfte sollen dabei aktiviert werden. Interessant aber wie so vieles auf Quantenebene noch unbewiesen. Deren Auswirkungen scheinen aber vorzuliegen und als Heiltherapie eingesetzt werden können.

Auf Quantenebene könnten Reaktionen begünstigt werden die sich sonst nicht vollziehen würden.

Unbewusst tragen wir bestimmt auch schon lange dazu bei das sich verschiedene Reaktionen damit vorteilhaft für uns auswirken.

Wir besitzen diese Fähigkeit vielleicht schon längst als Eigenschaft und setzen sie Tag täglich unbewusst ein.

Eine Beeinflussung von Materie durch Betrachten kann aber nur eintreten wenn Materie sich seines Betrachters bewusst ist und eine Beeinflussung zulässt. Also muss schon eine Art Selbstbewusstsein existent sein.

Folgendes ist passiert als Wissenschaftler die Spinrichtungen von Elementarteilchen bestimmen wollten. Als man eine Probe auf diese Spinrichtungen untersuchte und betrachtete hatten alle Teilchen ihre Rotationsebenen in Blickrichtung. Natürlich hielten die Wissenschaftler das für reinen Zufall und änderten ihre Blickrichtung um 90°. Wieder hatten alle Teilchen danach ihre Rotationsebene in Blickrichtung. Um einen Zufall oder Messfehler zu eliminieren wurde dieser Versuch noch mehrfach wiederholt. Man änderte die

Blickrichtung in alle anderen Richtungen. Immer wieder mit dem gleichen Ergebnis. Diese Materie schien eine Drehung seiner Rotationsebenen bewusst von sich aus zu bewirken. Sie reagierte eigenständig auf bewusste Handlungen der Forscher.
Das kann nur gelingen wenn sich diese Materie bewusst ist aus welcher Richtung sie von den Forschern betrachtet wird.
Sie muss es vorher feststellen können. Dafür braucht es aber Sinne wie wir sie haben. Energie oder dessen Bewusstsein hat wie auch immer eine Methode entwickelt die sie dazu bringt sich so verhalten zu können. Diese Fähigkeit schreibe ich, rudimentär wenigstens, aller Energie gleichermaßen zu.
Die einzige physikalisch erklärbare Ursache die so eine Bewegung bewirken könnte wäre eine durch die Blicke der Forscher erzeugte Bewegung der Rotationsebenen. Die dafür benötigten Energien kann man sich wieder prima an einem drehenden Rad vor Augen halten. Versuchen sie doch mal die Achse beim Drehen zu kippen.
Dafür müssen sie um so mehr Kraft aufbringen je höher die Drehzahl dieses Rades ist. Beim Kernspin von Elementarteilchen geht es aber in der Regel um Rotationsgeschwindigkeiten nahe der Lichtgeschwindigkeit. Die für ein Kippen dieser Achse benötigte Kraft wäre relativ groß.
Wir haben es hierbei aber mit einer unglaublich großen Anzahl von Teilchen zu tun die sich mit diesem Tempo drehen. Pro Mol, das

Atomgewicht des jeweiligen Elementes in Gramm, wären es schon 10 hoch 21 Atome mit entsprechend vielen Elementar-Teilchen. Von 2, 1Elektron und 1Proton bei Wasserstoff, bis zu 250 bei allerdings instabilen Elementen in denen auch noch viele Neutronen enthalten sind. Etwas weniger als die Hälfte wären Elektronen.
Diese Anzahl wäre noch mit der Anzahl der Atome zu multiplizieren. Eine Unmenge an einzelnen Elementarteilchen.
Einfacher wäre es doch wenn jedes Teilchen sich selbst bewusst mit seiner eigenen Kraft wenden könnte. Schließlich wären alle Teilchen gleichermaßen zu bewegen. Mit der Kraft unserer Blicke sind wir zu dieser Drehung bestimmt nicht im Stande.
Ein Bewusstsein das der Energie zur Verfügung steht wäre doch sicher erfolgreicher bei der Drehung der Rotationsebene jedes einzelnen seiner Teilchen.
Das erklärt mir auch das Verhalten der Bosonen die sich durch das Verlassen der Materie vor dem Erreichen der Kollisionskammer einer Transformation mit der übrigen Materie und auch der Zerstörung bei der Kollision mit einem anderen Proton bewahren konnten. Diese Protonen waren noch etwas von der Lichtgeschwindigkeit entfernt als sie diese Bosonen verlassen haben. Eine bewusste Handlung die sich aufgrund von bewusst geplanter Zerstörung ereignet hatte. Diese Quarks sind offenbar nicht nur die Teilchen die der Materie ihre Masse zuordnen. Sie sind wahrscheinlich auch die Träger des Bewusstseins der Energie. Offenbar

ein sehr wertvoller Bestandteil der Energie. Schließlich fügt eine Variante von ihnen offenbar auch bewusst alle uns bekannten anderen Quarks in der Materie die wir kennen zusammen und erzeugen damit erst Materie. Obwohl sie selber nur über eine verschwindend kleine Masse verfügen.

Nebenbei habe ich auch bemerkt, als ich mir ein Abbild dieser Kollisionen ansah bei dem Bosonen auftraten, das unter allen anderen Quarks die sich geradlinig von der Kontaktstelle fortbewegten auch einige Teilchen in einer kreisförmigen Bewegung entwichen. Sie hatten wohl ein anderes Ziel als die übrigen Teilchen.

Wie aber kann sich ein Teilchen bei dieser gegen es aufgebrachten Kraft in eine andere Richtung drehen? Offenbar scheint sich hier die anti gravitative Wirkung der Higgs Bosonen zu zeigen die auch in dunkler Materie wirkt. Aber dieses Teilchen drehte sich in einem konstantem Radius als wollte es wieder zum Kollisionspunkt zurückkehren. Das entspricht einem zusätzlichem Drehmoment das keiner geradlinigen Abstoßung mehr gleicht sondern einer Drehung um 180 Grad. Sie erinnern sich, Drehung um die Rotationsebenen. Eine ähnliche Aktion vollzieht sich wohl auch hier.

Eine bewusst durch die Materie selbst ausgelöste Bewegung.

Anders als die Bosonen die zuvor den Gesamtverband verlassen haben verblieben die Higgs Bosonen wie bei der Transformation nahe der Lichtgeschwindigkeit bis zuletzt im Quanten Verband um seine Form zu erhalten. Erst wenn der Verband gewaltsam durch die Kollision aufgelöst wird trennen sich die Wege dieser Teilchen. Das Higgs Teilchen dreht sich bewusst zurück zum Ursprung. Wahrscheinlich um an dieser Stelle wieder Quanten zu umschließen die dort noch von der Kollision vorhanden sind. So wie sie auch nach der Transformation einer Galaxie wieder zum Ursprungsort, an dem immer wieder ein neuer Urknall entsteht, zurückkehrt.

Sie steuern die Entstehung neuer Materie.

Denkbar ist auch das die Kondensat Bosonen, die einzigen Teilchen mit nennenswerter Masse, die Teilchen sind die ein Universum in der Dimension unter uns enthalten.

Das dieses Universum umgebende Kontinuum wäre ein Energiefeld und bestünde nur aus Higgs-Bosonen. Die schwere Variante der Bosonen wären hierin die Massen dieses expandierenden Universums im Inneren dieses Kontinuums in dem sie sich weiter transformieren können um einen optimalen Zustand zu erreichen.

Dieses Universum bestünde dann wieder aus all den anderen Quarks die zwar fast von Massen frei sind, sich aber am Aufbau der Materie wesentlich beteiligen.

Diese Vielzahl von Universen erzeugen mit Sicherheit jede Menge Einzelbewusstsein die sich dann über das Kontinuum zu einem Bewusstsein verbinden können um den beschriebenen Effekt auf die aus ihr bestehenden Materie zu bewirken.

Das tritt aber auch schon auf bevor Energie einzelne Bewusstsein bilden konnte. Zu Beginn des Ablaufs als sich die ersten Quarks direkt nach dem Ur-Urknall gebildet haben musste diese Urform von Materie im Quantenzustand alle vorhandenen Quarks auch erst mal zu Elementarteilchen zusammenfügen aus denen dann die Atome aufgebaut wurden von der perfekten Struktur und mit den gleichen Eigenschaften die wir schon seit deren Entstehung an haben. Die Eigenschaft zu immer komplexeren Verbindungen zu kommen stammt sicherlich auch von dieser Basisfähigkeit der Energie. Energie versucht dabei offenbar zielstrebig von Anfang an auf dem Pfad durch die Dimensionen hindurch zur Perfektion zu gelangen. Und dieses Bewusstsein ist offenbar eine Notwendigkeit dafür. Wie gesagt diese Fähigkeit ist dem Ablauf vorausgesetzt worden. Dabei bestrebt Energie natürlich immer den Weg des geringsten Wiederstandes zu nehmen und bewirkt dabei die wunderbarsten Dinge die bei diesem bestreben hilfreich sind.

Energie agiert dabei immer mehr wie ein Einzelwesen das bestrebt ist sich aus immer mehr perfekten Einheiten zu ergänzen.

Das Verhalten kennen wir doch auch schon aus der Biologie und es hat mit Sicherheit wesentlich bei der Entstehung des Lebens mitgeholfen. Denken sie nur an die Fähigkeiten staatenbildender Insekten. Die Gesamtmasse aller Ameisen übersteigt laut Hochrechnungen das Gesamtgewicht aller Tiere aller Arten, auch Menschen, wären diese Wesen jedes so schwer wie eine Ameise. Es ist quantitativ die dominierende Rasse auf unserem Planeten. Vor allen anderen staatenbildenden Lebensformen zu denen Menschen übrigens auch zählen. Zum Glück sind wir etwas größer geraten als Insekten es geworden sind. Deren Wachstum war ohnehin von vornherein begrenzt. Das Atmungssystem aller Insekten arbeitet mit Tracheen. Schmaler Röhrensysteme die mittels osmotischer Drücke beim Konzentrationsausgleich also ohne Atembewegung funktionieren.

Das geht aber nur bis zu einer bestimmten Größe.

Ähnlich der Kapillarkräfte beendet ein zu großer Durchmesser die benötigte Auswirkung bei der die CO2 und O2 Konzentration des Blutkreislaufs der Atemluft angeglichen werden.

Mit dem Atmungssystem war dann auch das Gesamtwachstum entscheidend begrenzt. Da das Wachstum einzelner Wesen dieser Sorte derart begrenzt war begannen viele von ihnen ihre Kraft aus deren Anzahl zu beziehen. Ameisenvölker sind damit imstande sogar viel größeren Tieren Paroli zu bieten. Zum Glück ist deren Kommunikation auf chemischem Wege mittels Duftspuren stehengeblieben. Nicht auszudenken wenn sich alle miteinander verabreden könnten. Denken sie nur an all die Bienenvölker die mit großem Aufwand den Nektar für ihren Nachwuchs produzieren und perfekt in die von uns bereits abgeschauten 6-eckigen Waben Struktur aus Wachs zusammen mit einer Bienenlarve verschließen.

Über die Honigproduktion in Imkereien möchte kein Wort verlieren. Aber alle Larven sterben dabei und die perfekten Waben aus Wachs werden zu Kerzen gemacht und verbrannt.
Die kollektive Intelligenz dieser Völker ist bekannt. Sie wird aber zum Glück hauptsächlich zur Nahrungssuche verwendet.
Deren Kommunikation ist aber schon über die chemische Methode der Ameisen und vieler anderer Insekten hinaus. Sie verständigen sich auch noch über einen Tanz mit dem sie den anderen Bienen die Position von geeigneten Futterquellen mitteilen oder vor Angreifern warnen können.
Nicht auszudenken wenn sie diese Intelligenz gegen uns anwenden würden um ihren Nachwuchs zu schützen. Genügend Bienenvölker wären vorhanden um uns gefährlich zu werden.
Das ist aber alles in einer viel viel kleineren Dimension als die des Gesamtwerkes aber dennoch genauso effektiv.
Diese Grundtendenz begegnet uns überall.
Diese Tendenz wird es auch sein die wir als Zufall, Glück oder Laune der Natur bezeichnen. Obwohl Laune dem am nächsten käme. Die Natur ist ja auch nur eine Form der Energie aus der sie entstanden ist und konnte diese Form seitdem optimal gestalten.
Zufälle sind immer nur zum Zweck der Optimierung des Energieeinsatzes bewusst initiierte Geschehen die Abläufe begünstigen oder verhindern um das Energiepotential zu verbessern.

Derjenige der glaubt Glück zu haben erhält nur die Möglichkeit diesen Ablauf zu vollziehen. Derjenige wird sich natürlich enthusiastisch verhalten und gerne mitmachen egal womit er sich gerade befasst. Aber das Glück der Einen ist oft das Pech der Anderen und Missgunst behindert bei vielen Abläufen eher als das ganze produktiv voranzubringen. Dieser Spielball der Energie wird wie auch das Geld sicher bald verschwinden oder die Beteiligten werden gewechselt.

5. Die Frequenz

Neben all diesen Eigenschaften besitzt Energie auch in fester Form noch so etwas wie eine Frequenz oder Schwingungsamplitude. Ich meine nicht die durch die atomare Bewegung mit Temperatur erzeugte.

Um meiner Quanten-Kontinuum Theorie zu entsprechen wäre das die kontinuierliche Verdichtung und Expansion der Energie im Quantenzustand und in fester Form als Materie in ihrem Kontinuum. Der Abstand dieser sich immer wiederholenden Ausdehnung und Konzentration wäre in der Dimension in der dieses Kontinuum Materie darstellt natürlich unendlich klein. In der Dimension in der Materieteilchen dieser Dimension ein Kontinuum sind ist er 15 Milliarden Jahre lang. Man konnte diese Frequenz deshalb auch noch nicht von unserer Seite aus registrieren. Jedenfalls in der Dimension unter unserer. In unserer Dimension haben wir sie wahrscheinlich aber mit dem festgestellten Abstand von 15 Milliarden Lichtjahren zu den entferntesten Galaxien schon registriert.

Wir müssten sie aber dennoch in der Dimension unter uns

feststellen können. Als eine Art Schwingung in der Gesamtverteilung der Massen in den Quarks.

Da deren bloße Existenz aber bis jetzt nur anhand ionisierter Atomkerne die durch ein solches Teilchen aus dessen Elektronenkorsett geschlagen wurden anhand einer Ionenspur feststellen lässt und deren Beteiligung am Aufbau von Elementarteilchen nur bei einer Kollision dieser Elementarteilchen nahe der Lichtgeschwindigkeit bewiesen werden kann, ist eine Untersuchung an der Substanz dieser Quarks bis jetzt nahezu unmöglich. Deren Erscheinungsform ist zudem höchst flexibel und man kann einzelne Quanten niemals direkt beobachten. Ihre wahrscheinlich unbegrenzte Bewegungsfähigkeit in und zwischen fester Materie zeigt sich recht deutlich bei den Kollisionen von Protonen bei denen diese erstmals nachgewiesen wurden. Bei der nachträglichen Auswertung der Massen dieser Quanten, der Bruchstücke dieser Kollision, wurde festgestellt das die Summe der Massen aller Teilchen die der Kollision entsprangen größer war als die Masse der beteiligten Protonen. Offenbar haben sich aus der immensen Bewegungsenergie die man in die Protonen gesteckt hat um sie auf eine Geschwindigkeit nahe der von Licht zu bringen während der Kollision, bei der diese Energie wieder frei wird, zusätzliche Quanten transformiert. Bewegungsenergie hat sich hierbei also materialisiert. Es kann sich also nicht nur Energie aus Masse bilden sondern auch Masse aus Energie, was das ganze zu einer Gleichung macht mit der man

physikalische Berechnungen anstellen kann.
Der Zustandswechsel der Energie lässt die Dimensionen letztlich zusammenwirken und hinterlässt in jeder diese Frequenz.
Diese Frequenz ist vermutlich bei jedem Element unterschiedlich.
Bei der Nanotechnologie, ein neuer vielversprechender Technologiebereich den wir uns wieder von der Natur abgeschaut haben bei dem es um Konstruktionen im Millionstel Millimeter Bereich geht, wird man diese Frequenz vermutlich zuerst erkennen. Zuerst nur als Störgröße bei Messungen. Später wird sie dann als Eigenschaft erkannt werden die man versuchen wird zu benutzen.
Das ganze ist so winzig das es jeder Vorstellungskraft trotzt.
Es ist ähnlich klein wie unser Universum groß ist. Einfach Unvorstellbar. Aber ein Nano-Partikel besteht immerhin noch aus mehreren 100 Atomen oder Molekülen. Also noch verhältnismäßig groß wenn man die Größe einzelner Quarks bedenkt die ein ganzes Kontinuum beinhalten könnten. Man kann Nanopartikel aber mit geeigneten Hilfsmitteln wie einem Elektronenmikroskop noch erkennen. So wie die nach unserer Ansicht am weitest entfernten Galaxien mit geeigneten Teleskopen gerade noch zu erkennen sind.
Ein Kontinuum misst aber nur 1/25 eines Protonen Durchmessers welcher nur der Bruchteil eines Atomkerndurchmessers ist. Die wahre Größe eines Atoms hängt aber von den ihn umkreisenden Elektronen ab. Diesen Größenvergleich haben wir schon gemacht.

Das Universum in solch einem Kontinuum wäre aber noch viel kleiner, je nach dessen Alter.
Das würde sich alles im Bereich von 10^ -31 Millimetern, eine Zahl 30 Stellen hinter dem Komma, abspielen und vermutlich noch lange unentdeckt bleiben da sie den im Nanobereich verwendeten Maßstab bei weitem unterschreitet.
Jedes Element wird aus einer verschiedenen Anzahl von Elementarteilchen zu einem Atom zusammengesetzt und von einer entsprechenden Anzahl von Elektronen in verschiedenen Energiezuständen die von deren Abstand zum Kern abhängen bei annähernder Lichtgeschwindigkeit umkreist.
Zu dieser Meisterleistung ist Energie also von sich aus imstande.
Diese Fähigkeit obliegt der Energie logischer Weise von Anfang an und unterliegt nur noch der Zeit. Zusammen mit allen anderen Elementen hat die besagte Frequenz aber noch viel weitreichender Auswirkungen.
Sie wird es sein welche die einen Stern umkreisende Materie dazu bringt sich so um den umkreisten Stern zu formieren das in der habitablen Zone um diesen Stern, dem Bereich in dem man Leben wie wir es kennen für möglich hält, sich alle Elemente anreichern die wir für Leben als notwendig erachten. Ich kann dazu leider keine Erklärung anbieten, dennoch scheint mir eine Frequenz der jedes Teilchen gleichermaßen unterliegt die einzige Ursache für diese Gesamtbewegung von Massen an verschiedenen Stoffen.

Wie wir meinen sind das Wasserstoff, Sauerstoff, Kohlenstoff, Stickstoff, verschiedene Mineralien und auch Verbindungen daraus wie Wasser und mehrere andere für uns wichtigen Stoffen.
Bei einer Computersimulation die Forscher mehrfach über lange Zeiträume laufen gelassen haben reicherte sich diese Komposition von Elementen bevorzugt in den habitablen Zonen um den jeweiligen Stern an. Der Trend ist eindeutig. Der Rest ist bekannt.
Die Materie in diesem Orbit verdichtet sich und formt einen Planeten der dann vermutlich der Erde verblüffend ähnlich sein wird.
Für das Entstehen von Leben wie wir es kennen ist aber mehr nötig als die reine Existenz der Ingredienzien aus der es besteht.
Später werde ich noch näheres über diesen Sachverhalt schreiben.
Diese Frequenz ist es aber wahrscheinlich auch die noch viel größere Bewegungen erzeugt.

Es ist die Rotationsbewegung der Planeten unseres gesamten Sonnensystems. Nicht der einzelnen Planeten in ihrem Orbit sondern die Drehung des gesamten Planeten Systems um die Sonne. Die Planeten hatten schon immer ihren Orbit um die Sonne auf einer Ebene gehabt. Andere Sonnensysteme funktionieren vermutlich ebenso. Diese Ebene rotiert um unsere Sonne in einem Zyklus von ca. 26000 Jahren für eine komplette Drehung.
Unser Sonnensystem rotiert seinerseits in einer Ebene mit allen anderen Sternen und sonstigen Objekten um ein Schwarzes Loch

im Zentrum der Milchstraße bei einer Geschwindigkeit von 200m/sek. Bei einer Umlaufdauer von 640000 Jahren.

Diese Frequenz ist so allumfassend das sie sicher auch beim Entstehen von Leben direkt beteiligt gewesen war.

Das Entstehen von harmonischen Amplituden ist sicher von jedem einzelnen Stern abhängig. Dessen Entstehungszeitpunkt, Gewicht, Dichte, Größe und Zusammensetzung spielen hierbei bestimmt eine Hauptrolle. Man bräuchte schon eine Art Fahrplan oder irgend einen Hinweis um solche harmonischen Bewegungen vorherzubestimmen falls man sich nach ihnen richten wollte.

Solch eine Apparatur gibt es auch schon lange.

Seit fast 4 Millionen Jahren oder schon sehr viel länger.

Auf der Erde ist sie aber wahrscheinlich erst seit 78000Jahren.

6. Der Kalender

Die Majas besitzen einen Kalender der angeblich vor knapp 5200Jahren seinen Anfang hatte. Dieser Kalender hat neben seinem Anfang auch ein Ende. Der wahre Beginn ist aber vermutlich schon viel früher gewesen da er einen Zyklus datiert der 26000 Jahre dauert und alle 640.000 Jahre wiederkehrt. Alle 5200 Jahre ab seinem Beginn endet dieser Kalender und ein Neuer beginnt. Der nächste Termin ist auch schon bekannt. Es ist der 21. Dezember 2012.

Dieses Datum markiert aber nur den Ablauf eines 5200Jahre dauernden Zeitraums und nicht das Ende aller Zeiten. Es ist nur die Angabe von Zeiträumen so wie wir einzelne Jahre in 365 Tage unterteilen in 12 Monaten mit 28 – 31 Tagen.

Aber diese Zeiträume beschreiben andere Abstände die nicht direkt mit der Erde zu tun haben. Zu diesem Zeitpunkt am 21.12. schließt unser Planetensystem seine Drehung um die Sonne ab wie vorher beschrieben. Am Ende dieser halben Umdrehung, die ganze dauert 26000Jahre, befindet sich die planetare Ebene auf der sich alle Planeten unseres Sonnensystems im Orbit um die Sonne bewegen auf einer Ebene mit der Rotationsebene unserer Galaxie, der Milchstraße.

Bestimmt werden wir mit erhöhten Gezeitenkräften rechnen müssen da dieses Datum auch den Zeitpunkt datiert an dem alle Planeten unseres Sonnensystems in einer Reihe stehen werden. Es ist in jeder Hinsicht ein besonderer Zeitpunkt.

Ob diese Planetenreihe in Richtung zum Zentrum der Milchstraße steht weiß ich allerdings nicht. Das würde die Gezeitenkräfte jedoch zusätzlich verstärken. Bei der letzten Ausrichtung vor 13000 Jahren (11000 v. Chr.), zur Zeit als der Menschheit die Metallverarbeitung sowie der Ackerbau und die Viehhaltung zur Eigenschaft wurde, gab es bestimmt auch wesentlich stärkere Gezeitenkräfte als sonst. Dessen Auswirkungen sind mit Sicherheit auch irgendwo aufgezeichnet worden. Wenn sie es nachlesen möchten finden sich bestimmt einige Notizen dazu in Schriften aus dieser Zeit wie das Alte Testament (Bibel).

Ich weiß leider nicht genau wo aber dort werden ausreichend Zeitangaben gemacht.

Was für eine Ansage die laut Astronomen auf den Tag genau eintrifft. Woher nahmen die Majas aber die hierfür benötigten Informationen? Fernrohre wurden bei ihren Hinterlassenschaften noch nicht gefunden. Soweit wir wissen wurde das Teleskop erst viele tausend Jahre nach den Majas durch Menschen aus unserer Zeit erfunden. Erst damit wurde es dann später möglich solche Abläufe in unserer Galaxie überhaupt festzustellen und vorherzusagen.

Woher aber nahmen die Majas dieses Wissen? Es handelt sich hierbei schließlich um einen alle 640.000 Jahre in der Milchstraße wiederkehrenden Zyklus von 26000 Jahren.
Wenn die Majas wie behauptet wird bei ihren astrologischen Berechnungen nur um die Sonne interessiert waren wozu benötigten sie Voraussagen von galaktischen Abläufen diesen Ausmaßes?
Ich behaupte vor 5200Jahren als der Kalender dieses Zeitraums begann bekamen diese Majas Besuch von einer Gruppe Wesen außerirdischem Ursprungs. Ich nenne sie die „Entwickler". Es gibt mehrere und andere Arten von Besuchern, später mehr dazu.
Die Meisten handeln nicht in eigenem Interesse. Ihr Hauptinteresse liegt im Gesamtbestand dieses gigantischem Konstrukts aus Energie. Aus irgendeinem Grund waren diese Besucher der Überzeugung es wäre von Vorteil für den Gesamtablauf wenn die Majas diesen Kalender besitzen der solche Abläufe datiert auch wenn er schon 70.000Jahre läuft. Schließlich markiert so eine Konstellation ziemlich eindeutig wenn in einem Sonnensystem in dem solch ein Kalendarium besteht dieser Zeitpunkt erreicht ist. Es schien auch auf der Erde einen Grund dafür zu geben darüber Bescheid zu wissen. Schon vor den Majas. Leider weiß ich nicht wer ihn vorher hatte oder ob er überhaupt genutzt wurde. Ich war nicht dabei!

Die Hauptaufgabe dieser Besucher ist es zu den so datierten Zeitpunkten Zivilisationen auf erdähnlichen Planeten den auf ihnen entstandenen Lebensformen die Möglichkeit zu eröffnen ihre

vorgesehene Entwicklung termingerecht zu beschreiten.
Es müssen mehrere dieser erdähnlichen Planeten existieren.
Unzählige denn allein in unserer Galaxie befinden sich ca. 100 Milliarden Sterne. Eine mittlere Sternen dichte in Spiralgalaxien.
Soweit wir laut Hochrechnungen wissen gibt es ca. 200 Milliarden Galaxien in unserem Universum. Manche von ihnen haben mehr andere weniger Sterne. Das macht etwa 20 Billiarden potentielle Sterne in unserem Universum von denen wahrscheinlich jeder 2. ein Planetensystem wie das unserer Sonne mit mehreren Planeten besitzt. Allein in unserer Galaxie dürften sich unzählige erdähnliche Planeten gebildet haben. Sie liegen trotzdem noch tausende Lichtjahre voneinander entfernt da die Milchstraße einen Durchmesser von 100.000 Lichtjahren misst. Bei einer Breite von 16000 Lichtjahren an ihrer dicksten Stelle in der Mitte bis zu 3000 Lichtjahren an den Rändern. Sie verfügt aber über 5 Spiralarme mit einem Abstand von etwa 30.000 Lichtjahren voneinander. Unser Sonnensystem liegt im Außenbereich so eines Arms, aber eher zwischen Zweien als in Einem. Dieser Zwischenraum enthält nur wenige Sterne. Der Nächste Stern ist ein Doppelstern aber schon 4 Lichtjahre von uns entfernt und soweit wir das sehen können ohne Planeten. Es gibt aber noch 4 andere Zwischenräume die wahrscheinlich zu den lebensfreundlicheren Bereichen einer Galaxie wie unserer zählen. Dort gibt es nur wenig stellare Beeinflus-

sung von außen. Im Gegensatz zu Bereichen innerhalb dieser Spiralarme die dicht mit Sternenhaufen und Nebeln besetzt sind in denen ständig neue Sterne entstehen und für Planetensysteme nur wenig Raum bleibt. Dennoch schließe ich diese Möglichkeit nicht aus da es dort bestimmt auch Stellen gibt die Platz dafür bieten. Allerdings wären die Lebensbedingungen auf einem dort entstandenen erdähnlichen Planeten ungleich härter als bei uns und die auf ihm entstandenen Lebensformen müssten sich im Laufe ihrer Evolution an viele galaktische Störungen anpassen die ohne Zweifel weitaus häufiger eintreten dürften als bei uns. Diese Lebewesen müssten neben stellaren Beeinflussungen ihres Zentralgestirns wie Sonnenwinden oder koronalen Massenauswürfen wie wir sie auch auf der Erde erleben können auch all den Auswirkungen der gerade entstehenden Sterne, Nebeln und anderen galaktischen Angehörigen innerhalb dieser Spiralarme widerstehen können.

Einer solchen Lebensform hätten wir wahrscheinlich nicht mehr viel entgegenzusetzen falls es zu einer Konfrontation mit ihr käme.

Weil uns diese dicht mit Sternen und Nebeln besetzten Spiralarme schlicht die Sicht verdecken können wir auch nicht sehen was sich in den anderen Zwischenräumen abspielt. Sicher entstanden dort ähnliche Sonnensysteme mit Planeten die aus Elementen bestehen die offensichtlich nicht von deren Sonnen stammen sondern aus Überresten anderer stellarer Prozesse in diesen Spiralarmen. Diese Elemente konnten nur einer Supernova oder etwas ähnlich heißem entstammen. Für die Fusion von Helium, dem Hauptprodukt einer Sonne aus Wasserstoff, zum nächst möglichem durch Fusion der Atomkerne erzeugtem Element nach Helium, Kohlenstoff benötigt es bereits fast soviel Energie wie die die Fusion von Helium erzeugt. Zur Fusion von Kohlenstoff zur nächsthöheren Möglichkeit müsste das ganze bereits angeheizt werden also Energie von außen hinzugefügt werden. Dieses Problem vervielfältigt sich natürlich mit steigender Atommasse. Soweit bis nach Schwermetallen wie Eisen schon die Möglichkeit einer herkömmlichen Fusion nicht mehr besteht selbst durch anheizen da schon Supernovae diese Temperaturen nur noch selten erreichen selbst wenn sie entsprechend großen Sonnen entstammen. Das diese dafür nötigen Temperaturen doch erreicht werden können schließe ich aber nicht aus da es auch mehrere weit schwerere Elemente gibt als Eisen. Vielleicht entstehen diese aber auch bei anderen mir unbekannten Prozessen die noch mehr Energie produzieren.

Das diese Elemente sich um die jeweilige Sonne ansammeln und zu Planeten verdichten dürfte hauptsächlich an der Schwerkraft dieser Sonnen liegen die diese Elemente in ihren Orbit zwingen.

.Wie bereits vorher erwähnt liegt es im Bestreben der Energie sich in materieller Form so um einen Stern zu verteilen das Planeten mit erdähnlichen Bedingungen entstehen.

Da draußen gibt es vielleicht genauso viele erdähnliche Planeten

wie es Sterne in diesen Gebieten von Galaxien gibt.
Utopisch daran festzuhalten das es nur bei uns dazu gekommen ist das ein Planet wie die Erde sich verdichtet hat auf dem Leben entstehen konnte nachdem der Planet ausreichend abgekühlt war. Leider ist uns wie gesagt die freie Sicht auf diese Gebiete versperrt. Genauso unwahrscheinlich ist auch eine Kommunikation mit Zivilisationen die in solch einem anderem Zwischenraum ihr Sonnensystem haben. Selbst die Sicht auf das Zentrum der Milchstraße ist uns verdeckt und es scheint uns unmöglich durch diese Barrieren mit den bekannten Techniken hindurch zu sehen. Daran vorbei sehen könnte ich mir noch bedingt vorstellen da auch das Licht von Gravitation abgelenkt werden kann. Ähnlich wie bei Gravitationslinsen könnte man eine Ablenkung der Strahlung durch die Massen in einem Spiralarm erzwingen und so einen Blick dahinter ermöglichen. Gleiches wie bei uns wäre dann wahrscheinlich auch in den anderen Zwischenräumen erkennen.
Danach ist es dann auf jedem dieser erdähnlichen Planeten nur noch eine Frage der Zeit bis sich intelligente Lebensformen entwickeln mit Fähigkeiten wie den unseren die einer Förderung durch die Entwickler würdig wären.
Nach und nach werden Astronomen diese Planeten auch entdecken. Bei den bis jetzt festgestellten Exoplaneten handelt es sich bisher aber nur um die größten Planeten eines Sternensystems. So wie Jupiter oder Saturn mit sehr großer Masse deren Existenz an-

hand der gravitativen Auswirkungen auf ihr Zentralgestirn festgestellt werden konnte.
Diese Planeten besitzen genug Masse um deren Sonne mit ihrer Bewegung in dessen Orbit zum Wanken zu bringen.
Die Erde und wahrscheinlich auch alle anderen erdähnlichen Planeten sind aber nur 1/1000 mal so groß und können mit ihrer dementsprechend kleineren Masse auf diesem Weg nur schwer oder gar nicht lokalisiert werden geschweige denn untersucht. Durch die relativ geringe Verdunkelung beim Vorbeiflug an ihrer Sonne können diese Planeten zwar auch registriert werden, eine genauere Untersuchung dieser Planeten bleibt uns aufgrund der großen Entfernung dahin aber vermutlich noch lange unmöglich.
Ein Teleskop das hierzu imstande wäre müsste eine Spiegelfläche von mehreren tausend Fußballfeldern haben welche das Abbild per Reflexion vergrößert. Zum aufspüren dieser Kandidaten ist aber das Keppla Radioteleskop schon in der mache das fortwährend das Sternenlicht von vielen Tausend Sonnen gleichzeitig aufnimmt und auswertet. Damit könnte aber in erster Linie nur deren Existenz bewiesen werden. Eine Untersuchung der Oberfläche und Atmosphäre dieser Planeten stellt aber wegen der zu erwartenden Entfernungen auch damit ein Problem dar. Außerdem ist wie bei uns wahrscheinlich auch auf mehreren Planeten oder Monden dieser Systeme Leben möglich.

Ein Nachweis über diese Monde ist erheblich schwerer als der eines Planeten um eine Sonne da wir ihn nicht richtig mit der Verdunkelungsmethode feststellen können. Jedenfalls nicht mit den heutigen Teleskopen. Aber der Zeitpunkt wird kommen an dem wir auch dazu in der Lage sein werden ab dem wir dann sicher sein können wie es dort aussieht und ob sich eine Reise dorthin überhaupt denkbar ist. Aber andere weit mehr Entwickelte Zivilisationen haben diese Möglichkeiten vielleicht längst benutzt um uns zu beobachten und wenn gewünscht auch besucht.

Wir befinden uns in einem großem Haus und bekommen bestimmt bald noch viel Gesellschaft wenn wir uns nicht schon lange darin befinden! Es ist nur eine Frage der Zeit wann die Intelligenz fremder Lebensformen sie dazu befähigt mit uns Kontakt aufzunehmen oder wann unsere Intelligenz deren Aufmerksamkeit würdig ist.

Wir selber verfügen erst seit weniger als hundert Jahren über Radios mit Funkübertragung, suchen aber schon seit über 50 Jahren nach fremden Funksignalen aus dem All.

Die Verbreitungsgeschwindigkeit von Radiowellen beträgt aber auch höchstens Lichtgeschwindigkeit. Signale dieser Art benötigen wegen der großen Entfernung fremder Sternensysteme zu uns auch dementsprechend viel Zeit. Unsere Radiosignale wären auch noch nicht weiter als 100 Lichtjahre gekommen. Außerdem habe ich erfahren das die von uns ausgesendete Radiowellen Wolke die bis jetzt knapp 100 Lichtjahre im Durchmesser beträgt hinter unserem Sonnensystem aufgrund der Störungen durch das Solare Bombardement an Sonnenwinden und dem riesigen Magnetfeld der Sonne welches unser Sonnensystem noch überragt dann zu einem rauschen wird. Wir bräuchten andere Übertragungswege wenn wir es auf einen Kontakt ankommen lassen wollen würden- Die am weitest von uns entfernten Galaxien liegen aber soweit wir sehen können in einer Entfernung für die unsere Radiowellen 15 Milliarden Jahre bräuchten. Eine Kommunikation dorthin wäre ohnehin sehr schwierig oder unmöglich da eine Antwort von oder an uns entsprechend lange Zeit benötigen würde. Außerdem sind die so weit entfernte Galaxien nicht mehr aus unserer Seite der Zeitlinie und ein Kontakt mit Wesen von dort würde diese Zeitlinie irreparabel beschädigen. Jedenfalls wenn wir Informationen von dort über die Zukunft erhalten würden. Deshalb auch dieser immense Abstand von 15 Milliarden Lichtjahren. Die Galaxien entfernen sich währenddessen ja auch noch immer weiter und schneller voneinander. Gesetzt den Fall eine fortgeschrittene Intelligenz läge Wert darauf Angesicht unserer aggressiven Verhaltensweise gegenüber Fremden mit uns Kontakt aufzunehmen. Das konnten sie ja die letzten 100 Jahre, falls sie unsere Radiosignale empfangen können und dann auch nur die Zivilisationen die in Reichweite dieser liegen, prima mitverfolgen wie wir so drauf sind. Zumal zwei Weltkriege in diesen Zeitraum stattfanden.

Der Großteil der in unserem Universum entstandenen Zivilisationen wüsste wegen der großen Entfernung zur Erde noch gar nicht von uns.

All diese Planeten die dafür in Frage kommen wären aber ohne Steuerung nicht imstande gewesen Leben hervorzubringen.

Andere Besucher müssten zuvor dafür gesorgt haben das auf diesen Planeten überhaupt erst Leben beginnen konnte zu entstehen. Ich nenne diese Besucher „Erschaffer".

Sie hatten auch bei uns dafür gesorgt das primitives Leben wie Amöben oder andere einzelligen Lebensformen entstehen konnten die sich dann im Laufe der Zeit zu komplexeren Formen weiterentwickelten. Über sie später noch Näheres. Zurück zu den Entwicklern. Sie erschienen in Abständen von 5200Jahren auf der Erde um der Menschheit auf die Sprünge zu helfen. Ich nehme weiterhin an das das Eingreifen bei der Entwicklung der Menschheit einen besonderen Zeitpunkt im Ablauf dieses Zyklus markiert.

So wie unsere Zeitrechnung auch den Beginn des Lebens einer sehr bedeutenden Person datiert.

Darum wird dieser Kalender auch mit dem Beginn der menschlichen Entwicklung seinen Anfang genommen haben.

Ihr erstes Erscheinen war vermutlich vor 2-4 Millionen Jahren, wahrscheinlich aber auch zum Zeitpunkt einer dieser beschriebenen Konstellationen um den Anfang auch deutlich zu markieren. Ähnlich wie zu Beginn des Lebens als man Amöben entstehen ließ dauerte es wieder eine lange Zeit bis die Entwicklung weiterging. Erst nach 100 Millionen Jahren entwickelten sich komplexere Lebensformen aus Einzellern bis dann wieder nach Millionen von Jahren das Leben an Land eine Artenexplosion erfuhr. Dann wieder Millionen von Jahren nach dem Erlernen des aufrechten Gangs von den Entwicklern bekam die Evolution wieder Fahrt.

Der Menschheit wurde der Gebrauch des Feuers zur Eigenschaft. Das war vor 104.000 bis 78000 Jahren,vor 3-4 Rotationszyklen von je 26000 Jahren. An diesen Tagen ereignete sich auch wieder die gleiche Konstellation der Rotationsebenen wie es am Ende des Kalenders in unserem Zeitraum der Fall sein wird. Am 21.12.2012 und alle 13000 Jahre wieder. Ab diesem Zeitpunkt bekamen die Menschen dann ihre Besuche von Entwicklern nach diesem auf den Sternenzyklus eingestellten Kalender.

Diese Konstellation war vermutlich auch der Zeitpunkt an dem sich die ersten Affen auf die Hinterbeine begeben haben und sich fortan von allen anderen Tieren unterschieden allerdings schon vor knapp 4 Millionen Jahren. Aber diese Konstellation wiederholt sich alle 13000 Jahre wahrscheinlich schon seit über 4 Millionen Jahren woraus man dann einen Kalender mit festgelegten Zeitpunkten machen konnte wenn man die nötige Weitsicht hatte

Der Mensch hatte sich erhoben. Ab diesem Zeitpunkt begannen diese Affen ihre Vorderbeine als Arme und ihre Hände, damals

Füße, als Werkzeuge zu gebrauchen. Auf jeden Fall bedingte die eine Fähigkeit die andere.

Wenn diese Handlungen zwangsläufig gewesen sein sollten um einer Notwendigkeit zu entsprechen hätten sich alle anderen Affen früher oder später auch auf Ihre Hinterbeine stellen müssen um ihre Arme und Hände entwickeln zu können die sie dann zu den wichtigsten Fähigkeiten gebracht hätten die sie benötigen würden um eine Entwicklung zu erfahren die unserer gleichen könnte.

Bis heute ist mir nur ein Gorilla aus einem Zoo in England bekannt der sich perfekt aufrecht fortbewegte. Mit perfekt meine ich menschlich. Am Gang konnte man dieses Tier nicht mehr von einem Menschen unterscheiden. Das hat mich nachdenklich gemacht. Dieses Tier hat offensichtlich durch diese Imitation einen Vorsprung an Aufmerksamkeit genossen und wurde wahrscheinlich fortan am meisten, häufigsten und am Besten beachtet, gepflegt und gefüttert. Leider kommen auch hier bizarre Verhaltensweisen zu Tage die diesen Tieren, die bestimmte Fähigkeiten der Menschen kopiert hatten, vorteilhaft erschienen und von ihnen übernommen wurden.

So wie auch die Menschheit jede vorteilhaft abgeschaute Fähigkeit zur Eigenschaft übernahm.

Dieser vorgenannte Vorteil der Fürsorge war bestimmt auch Auslöser für die Übernahme dieser Fähigkeit des aufrecht Gehens zu einer Eigenschaft für diesen Gorilla.

Diese Fähigkeit haben sich unsere Vorfahren mit an Sicherheit grenzender Wahrscheinlichkeit, wie auch alle anderen Fähigkeiten derer sie sich bedienten als sie von der Natur abgeschaut wurden auch wieder erfolgreich abgeschaut.

Da sie aber die Ersten ihrer Art gewesen waren die das laut archäologischer Funde auf Erden praktizierten konnte diese Fähigkeit nur von Besuchern abgeschaut worden sein die ihnen das anschaulich vorgemacht hatten. Die einzigen Wesen die das nachweislich vor uns erfolgreich taten waren Dinosaurier.

Von denen hatte man damals aber wahrscheinlich noch keine Ahnung gehabt und die die noch übrig waren nach dem apokalyptischem Meteoriteneinschlag vor Yukatan bei dem fast alle Tiere und Pflanzen ausstarben bewegten sich auf allen Vieren voran wie fast alle Tiere. Die Einzigen Tiere die daraus einen Vorteil zogen das sie als Dinosaurier aufrecht gingen waren Vögel. Eine der wenigen Dinosaurierarten die überlebt haben. Die haben allerdings einen Schritt übersprungen und anstelle von Händen gleich Flügel bekommen um damit auch einen großen Vorteil zu erzielen. Dieser Vorteil hatte sie wahrscheinlich auch diese Katastrophe überleben lassen denen alle anderen Dinos zum Opfer wurden und wurde natürlich als Eigenschaft beibehalten. Es entwickelte sich daraus sogar eine separate Tierart. Das sich Vögel nicht sehr von Reptilien unterscheiden, welche Dinosauriern noch am ehesten gleichen, sieht man auch daran das auch sie für ihre Fortpflanzung Eier legen müssen.

Wir Menschen entwickelten unsere Hände weiter und konnten dadurch neben all den positiven Auswirkungen auch viel später noch das Fliegen erlernen. Leider nicht ohne Hilfsmittel die wir uns dann aber mit unseren genialen Gehirnen mittels Händen erschaffen konnten. Das aufrecht Gehen brachte uns nach und nach immer mehr Vorteile wegen denen wir diese Fähigkeit zur Eigenschaft machten. Nötig hatten wir das aufrecht Gehen allerdings nicht um zu überleben. Im Gegenteil, denn mit Gegenständen in den Händen konnte man nur schlecht schnell laufen. Eine Flucht oder Jagd war vorerst zum Scheitern verurteilt ohne Erfahrung mit dieser Fortbewegungsweise. Auf Bäumen wo Affen vorher ihre Nahrung fanden lies es sich jetzt bestimmt auch nicht mehr so leicht klettern. Durch den geänderten Gebrauch der Arme verloren diese nach und nach an Kraft die sie zum Klettern gebraucht hatten. Sie entwickelten diese Fähigkeit aufrecht zu Gehen trotz all dieser Nachteile weiter zu einer Eigenschaft.

Aber nur durch den Einsatz der Hinterbeine zum aufrecht Gehen wurden die Hände für ihren Einsatz bereit gemacht um Vorteile zu bewirken wegen denen sie diese Eigenschaft beibehalten sollten.

Zu solchen Gedankengängen, die eine willkürliche Entscheidung zu diesem Verhalten bewirken könnte, waren die Menschen damals aber noch nicht fähig.

Vor 13000 Jahren also 11000 Jahre vor unserer Zeitrechnung kam es zum zweiten Hauptbesuch der hier außerhalb des 5200 jährigem Abstandes zwischen zwei normalen Besuchsterminen lag. Entweder fing das Intervall von 5200 Jahren erst nach einer halben Umdrehung an oder ich habe nur noch kein Schlüsselereignis nach weiteren 5200 oder 10400 Jahren gefunden. Aber in dem Zwischenraum von 60000 Jahren nach dessen erneutem Erscheinen als wir gezeigt bekamen wie man eigenhändig Feuer entfachte kam ja wahrscheinlich auch kein weiterer Besuch. Man lies vermutlich absichtlich etwas mehr Zeit vergehen um zu sehen wie weit es der aufgestiegenen Affenart möglich war sich alleine weiter zu entwickeln. Ähnlich wie bei der Weiterentwicklung der Amöben zu Beginn warteten die Besucher einen angemessenen Zeitraum ab bis sie sich erneut auf den sicher recht aufwendigen Weg zur Erde machten um weitere Anstöße in der Entwicklung zu erteilen.
Es gibt also auch noch andere Richtlinien für weitere Besuche.
Vor 13000 Jahren nach Ablauf des halben Rotationszyklus entdeckte der Mensch die Metallherstellung und machte es sich zu Nutzen.
Mit Sicherheit eine Schlüssel Eigenschaft wie das aufrecht Gehen. Nebenbei ergab sich zu diesem Zeitpunkt wieder die gleiche Ausrichtung der Rotationsebenen von Sonnensystem und Milchstraße wie zu Beginn unserer Entwicklung und wie es auch wieder am

21.12.2012 der Fall sein wird. Es stünde also bestimmt wieder solch ein Meilenstein in unserer Entwicklung bevor für den es bestimmt um den Erhalt einer weiteren Fertigkeit einer Fähigkeit geht die wir besitzen aber noch nicht Nutzen können weil wir uns derer nicht bewusst sind. So wie das aufrecht Gehen oder das Feuer entfachen. Jedes andere Tier fürchtete das Feuer und wich vor ihm zurück. Dessen Herstellung blieb der Menschheit vorerst aber noch verborgen.

Dank ihrer nun frei gewordenen Hände fanden sie schnell heraus wie sich die Flamme befördern lies. Über einen Fund ging das allerdings noch nicht weit hinaus. Sie nahmen das Feuer lediglich an sich nachdem ein Blitz einen Baum entzündet hatte um es zu schüren. Der Stellenwert den solch ein Feuer in einer kalten Höhle hatte führte sicher auch zur Entwicklung von

Sozialverhalten. Die ersten Gemeinschaften bildeten sich. Ein Anfang von Staatenbildung wie die Natur uns das auch schon bei Insekten vorgemacht hatte war vollbracht. Diesmal hatten es sich die Menschen aber nicht bewusst abgeschaut sondern als Folge des Gebrauchs von Feuer in Kauf genommen.

Im Grunde war der Mensch ja eher ein Einzelgänger, Jäger und Sammler. Hatte man sich vorher noch um die Nahrung bekämpft saß man jetzt gemeinsam um ein Feuer um sich zu wärmen und seine Nahrung zu erhitzen. Feuer war gleichzeitig Heizung, Herd, Lichtquelle und Waffe. Es führte schließlich auch dazu das die

Menschen mit Hilfe des Feuers ihre Nahrung leichter verdaulich machen konnten.
Die Entwickler besuchten dann diese Gruppen die damit begonnen hatten ihr Fleisch über dem Feuer zu garen.
Um der Menschheit diese Gelegenheit allerorten gleichermaßen zu ermöglichen zeigten die Besucher einem Angehörigen dieser Gruppen wie man ohne Blitzeinschlag Feuer haben konnte. Er war bestimmt ein Held unter seiner Gruppe. Bis die Anderen sich abgeschaut hatten wie es möglich war und welche Fähigkeiten dafür nötig waren. Sie schauten es sich einfach ab als der Held erneut Feuer machte.
Das Feuer ging um die Welt oder diese Fähigkeit wurde wie das aufrecht Gehen zur gleichen Zeit an mehreren Stellen auf dem Globus verteilt. Diese Fähigkeiten wurden archäologisch in den gleichen Epochen dieser Zeit weltweit nachgewiesen.
Eine Verteilung dieser Fähigkeiten in diesem Zeitraum auf dem ganzen Globus war damals aber noch nicht möglich. Selbst wenn das Feuer machen von einem Menschen erfunden worden wäre erklärt das nicht dessen gleichzeitige globale Verteilung. Das gleiche beim Gehen. Jemand hätte um die ganze Welt gegangen sein müssen um diese Fähigkeit global zu verbreiten.
Durch die bessere Verdaulichkeit seiner gegarten Nahrung ermöglichte der Mensch seinem Gehirn ein rasantes Wachstum.

Der Mensch wurde schlau. Es folgte wieder ein Besuch. Diesmal im normalem Abstand von 5200 Jahren aber schon nach 2600 Jahren da vorher, nach 13000 jahren eine halbe Umdrehung des Planetensystems abgeschlossen war und auch die vorgenannte Konstellation entstanden ist die einen Hauptbesuch ankündigt.

Zuvor entdeckte die Menschheit die Metallproduktion. Wahrscheinlich erst nur ein Nebenprodukt eines großen Feuers dem man Anfangs noch keine Bedeutung zumaß. Man konnte es nirgends vorteilhaft einsetzen. Die Metallverarbeitung musste dieser Entdeckung folgen um eine Weiterentwicklung dieser Fähigkeit zu einer Eigenschaft zu bewirken.

Bei diesem Besuch wurde der Menschheit von den Entwicklern die Formbarkeit der Metalle bei großer Hitze vorgeführt. Aus eigenem Antrieb hätte sicher keiner dieser frühen Menschen versucht diese Gegenstände wieder so weit zu erhitzen bis sie schmiedbar waren. Wer einem Schmied mal bei seiner Arbeit zugeschaut hat wird erkennen welcher Aufwand damit verbunden ist die dafür nötige Temperatur zu erreichen. Zudem hätte zu dieser Zeit keiner versucht solch glühend heiße Gegenstände anzufassen oder sich daran zu schaffen gemacht bevor sie kalt waren. Gesetzt dem Fall er hätte es vorgehabt das unbrauchbare Ding auf diese Temperatur zu bringen. Man musste ihnen nur die Formbarkeit des glühenden Metalls vorführen damit sie im Stande waren diese Fähigkeit zu erkennen und sich abzuschauen. Um die Vorteile dieser Fähigkeit zu demonstrieren benötigte es dann nicht mehr viel. Die Menschen waren erfinderisch geworden. Die Metallverarbeitung wurde zur Eigenschaft der Menschheit. Anfangs noch mit Kupfer, Silber und Gold die in Formen gebracht wurden, etwas später dann mit Bronze die man aus ersten Legierungen von Kupfer mit Zinn gewann.

Man konnte diese Fertigkeiten perfektionieren und später dann bei der Eisengewinnung und Verarbeitung anwenden. Verschiedene Epochen der Vorzeit wurden nach diesen Werkstoffen benannt und beeinflussten seitdem die Weiterentwicklung der Menschheit entscheidend. Auf diese Weise kam die Menschheit zu Metallwerkzeugen und Waffen. Leider kam damit oder in Verbindung mit Geld, edle Metalle die man jetzt in Münzform gebracht hatte, auch Krieg unter die Menschheit. Wahrscheinlich aber als ein gewolltes Regulativ um eine Vorauswahl beim Einsatz folgender Dinge zu treffen. Sonst hätte man uns diese Fähigkeit nicht überlassen. Deren Weiterentwicklung nahm dann leider ein irrationales Wachstum an. Durch unsere erworbene Intelligenz war es uns dann aber noch möglich nach einem Patt in der Wettrüstung diese zu beenden was uns bis jetzt vor einer Ausrottung bewahrt hat.

Eine notwendige Prüfung unserer Ratio standen wir doch schon mehrmals vor dem Ausbruch eines nuklearen Krieges der wahrscheinlich der Menschheit ein Ende bereitet hätte.

Trotz der verheerenden Auswirkungen die wir uns in Japan 2 Mal vor Augen gehalten haben waren beide Weltmächte bis zuletzt bereit sich so weit zu bewaffnen bis jeder von ihnen unseren Planeten hätte mehrmals zerstören können. Ich meine nicht die Zerstörung der Oberfläche was sicher ausgereicht hätte um das Leben auf ihr zu beenden. Ich meine die gesamte Form des Planeten wäre zerstört gewesen. Es gäbe keine Erde mehr.

Da es aber auch vorher schon die Absicht war der Menschheit ein vorzeitiges Ende zu ersparen vermute ich das wir diesen Zenit bereits vorher schon überschritten hatten. Vermutlich mit Hiroshima und Nagasaki. Spätestens aber mit der Zündung der größten je zum Einsatz gekommenen Wasserstoffbombe deren Schockwelle mehrmals um den gesamten Planeten ging. Angeblich zu Testzwecken gezündet. Ich denke aber das war ein letztes Aufbäumen bevor auch man die Sinnlosigkeit dieser Bemühungen erkannte und begann diese begrenzten Mittel sinnvoller einzusetzen.

Dann 5200Jahre später kam der Mensch auf seine erste eigene Erfindung, dem Rad. Alle anderen Erfindungen hatte sich die Menschheit bisher von der Natur abgeschaut bis auf die Initiierten.

Das Rad fand in der Natur noch keine sichtbare Anwendung. Als Kugel war das Rollverhalten zwar bereits bekannt. Runde Früchte rollten weg, Augen rollten. Das verschiedene Mikroben diese Form schon als rotierenden Antrieb nutzten konnten sie derzeit noch nicht erkennen. Doch aus der Kugel in der Mitte eine Scheibe zu trennen oder eine Scheibe von einem Stamm abzuschneiden war

damals eine Pioniertat.
Das Erste Mal das sich der Mensch schlau verhielt ohne Anleitung. Aber diese Erfindung war noch nicht perfekt. Das Rad hätte ohne Achse nie die Bedeutung erlangt die ihm innewohnten.
Die Ägypter benutzten zwar für den Transport der Steine für ihre Pyramiden nach wie vor Stämme die sie unterlegten. Aber das war aufgrund des hohem Gewichts dem keine Achse mehr standhielt Die Grundidee des Rades kommt aber sicher auch von dieser Methode Stämme unter zu legen. Da Holz damals ein begrenztes Gut war in diesen Breiten entschied man sich immer kürzere Stämme zu nehmen. Bis man dann feststellte als man auf die Dicke von zwei Scheiben vom Stamm kam das diese ausreichten. Die konnte man später mit einem dünnem Stamm abstützte damit sie nicht umkippten. Vermutlich stellte man dann beim Einsatz fest das es am günstigsten war diese Stütze genau in die Mitte dieser Scheiben zu platzieren und diese Stütze dann mit tragenden Lagern zu befestigen. Aber das lässt sich nachher natürlich leicht behaupten. Keiner von uns war dabei.
Fakt ist das diese Konstruktion aus Holz war und schnell an die Grenzen ihrer Belastbarkeit kam. Die neuentdeckte Metallverarbeitung kam wie dafür gemacht. Wahrscheinlich war sie es auch.
Diese Reihe ließe sich bestimmt fortsetzen. mir geht es aber um etwas anderes. Immer wieder wenn die Menschheit einen Evoluti-

onsschritt gemacht hatte wurde dieser ausgelöst von einer Entdeckung die sie vorher noch nicht nutzen konnte da ihnen die Fertigkeit dazu fehlte. Die Ihnen also keine Vorteile gebracht hatte wegen denen eine Eigenschaft aus der Neuentdeckung werden sollte. Eigenschaften übernahm die Menschheit nur aus Fähigkeiten wenn diese zum Überleben notwendig waren oder große Vorteile mit sich brachten. Das Laufen auf zwei Beinen ermöglichte aber erst den Einsatz der Hände aus dem die Menschen ihre entscheidenden Vorteile bezogen. Den Affen hätte diese Tatsache vorher bewusst sein müssen um diese Fähigkeit des aufrecht Gehens als Vorteil zu erkennen und als Eigenschaft anzunehmen.

Der Vorteil des Feuers wurde zwar schneller deutlich. Dessen Auswirkungen durch dessen Nutzung konnten aber noch nicht als Eigenschaft übernommen werden. Es fehlte ihnen die Fähigkeit Feuer zu machen. Das gefundene Feuer ging aus und blieb, bis zum nächsten Blitzeinschlag in einem Baum in der Nähe eines soweit Begabtem der es nehmen konnte, aus. Über die Häufigkeit solcher Gelegenheiten brauche ich Ihnen nichts zu sagen. Um eigenhändig Feuer zu entfachen benötigte der Mensch wieder Hilfe. Genauso wie bei der Metallverarbeitung. Selber durch das Feuer entdeckt aber vorerst nutzlos. Ein steinharter Gegenstand am Grunde eines Haufens aus Asche. Dieser Fund wurde schnell unbedeutend für seine Entdecker. Erst mit der durch die Entwickler vorgeführten Formbarkeit wurde diese Entdeckung wieder bedeutend.

Als der Mensch dann 5200Jahre später das Rad erfand hatte es am Anfang wohl nicht mehr Bedeutung wie ein Teller oder ein Spielzeug. Erst durch die Nabe, idealerweise aus Metall genauso wie andere tragenden Teile, erhielt das Rad seine mobile Tragfähigkeit. Es barg viele Vorteile und wurde schnell weiterentwickelt.

Sie erkennen das Schema? Erst muss der Mensch den Anfang machen um seine Bereitschaft zu demonstrieren. Dann wenn wir nicht mehr weiter wussten und dieser Kalender auf eines dieser Ereignisse endete oder sich die spezielle Konstellation ergab waren diese Wesen immer bereit uns die entscheidenden Tipps zu geben mit denen wir unsere Entwicklung dann alleine fortsetzen konnten.

Das Ganze mag aussehen wie Zufall, Glück oder eine Laune der Natur. Das soll es aber auch. Wenn uns etwas von deren Hilfe bekannt gewesen wäre hätten wir uns sicher nicht diese Mühe gegeben Entwicklungen voranzutreiben. Wir hätten die 5200Jahre oder welchen Abstand auch immer abgewartet bis die nächste Gabe ansteht. Die bliebe aber ohne ersten Schritt der die Bereitschaft signalisiert aus. Unsere Entwicklung wäre auf einem Stand stehen geblieben. Die Entwickler halten sich offenbar an diesen Kalender.

Diese Abfolge von aufeinander folgenden Errungenschaften scheinen einzeln ohne Zusammenhang .Es gibt ihn aber.

Wenn eine Erfindung oder Entdeckung zu früh gemacht wurde hat man ihr so lange keine Beachtung mehr geschenkt bis eine offensichtliche Einsatzmöglichkeit entstand für die man sich dann eine Fähigkeit abschauen durfte.

Durch diesen rechtzeitigen Einsatz ihrer Fähigkeiten genossen die Menschen immer wieder Vorteile und machten die sich daraus ergebenden Eigenschaften zu Nutze und übernahmen sie.

Wenn zu viel Zeit zwischen der Erfindung und dem sinnvollen Einsatz vergangen ist dann geriet diese Erfindung immer in Vergessenheit. Genau wie in Ägypten. Dort wurden bei dem Besuch bei dem wir den sinnvollen Einsatz des Rades mitbekamen auch Fertigkeiten für den Bau der riesigen Pyramiden bereitgestellt.

Pyramiden erbauten übrigens auch die Majas zur gleichen Zeit. Wieder ein Hinweis für den Besuch auf zwei Kontinenten zugleich. Deren Bauten blieben aber weit dezenter als die ägyptischen.

Das Dezimalsystem und die Entwicklung der Mathematik waren für die genaue Konstruktion der Innenräume und Gänge wohl unersetzlich. Deren Anwendung in der Statik bei der Architektur für Bauwerke dieser Größe wurde genauso beibehalten wie das auf metallene Naben gezogene Rad.

Die großen Gemälde im inneren der Pyramiden und in den Gängen geben uns aber auch einen Hinweis darauf das elektrisches Licht verwendet wurde um nicht nur den Malern die Innenräume zu erhellen. Es fanden sich keinerlei Ruß Spuren an den Decken der Innenräume die auf den Einsatz von Fackeln oder Kerzen schließen lassen könnten. Stattdessen fanden Archäologen unter anderem auch Darstellungen von Glühbirnen auf den Gemälden im inneren der Pyramiden. Diese wurden sicher auch erfolgreich verwendet. Die Pyramiden wurden fertiggestellt, verschlossen und erst in unserer Zeit wieder geöffnet. Die Batterien die für den Betrieb der Glühbirnen benötigt wurden hat man tatsächlich schon vorher gefunden. Es waren simple Tonbehälter gefüllt mit einem Elektrolyt, in diesem Fall Fruchtsäure, mit zwei Stäben aus verschiedenen Metallen als Elektroden. Für sie gab es bestimmt auch Möglichkeiten sie nachzubauen. Sie leerten sich, konnten aber noch ersetzt werden.

Doch als die Glühbirnen kaputt gingen war diese Errungenschaft der Vergessenheit Preis gegeben. Die damalige Zivilisation verfügte über keinerlei Fähigkeiten Glühbirnen herzustellen.

Glühbirnen aus Glas mit einem metallenem Faden ausreichender Güte im Vakuum eingeschlossen, angeschlossen an eine Aufnahmevorrichtung aus Metall. Erst tausende Jahre später konnte diese Fähigkeit mit Hilfe der im Zeitplan vorgesehenen Erfindungen wieder nutzbar gemacht werden. Die industrielle Revolution begann mit solchen Erfindungen.

Die sprunghafte Entwicklung der Elektrotechnik hatte aber vermutlich eine andere Ursache als die im Zeitplan vorgesehene.

In den 50er Jahren ist über New Mexiko bei Roswell ein unbekanntes Flugobjekt abgestürzt. Zu den Ursachen empfiehlt es sich den historischen Hintergrund zu beleuchten.

Es war der Beginn des kalten Krieges. Die Militärs beider Supermächte waren hoch sensibilisiert. Die Atombombe war bereits erfunden und in Japan für den Ausgang des 2. Weltkrieges entscheidend eingesetzt worden. Sicherheitsdienste waren bestimmt in heller Aufregung als sie auf ihren Radarschirmen ein UFO, das war damals auch die Bezeichnung für unbekannte feindliche Objekte war, erkannten. Sie nahmen wahrscheinlich an das es sich um ein neues feindliches Militärflugzeug handelte dessen seltsam hohe Geschwindigkeit und Flugverhalten sie interessierte. Vermutlich wollten die Militärs dieses Fluggerät zur Landung zwingen um so an die feindliche Technologie zu kommen. Dieses UFO hatte aber gar nicht vor zu landen. Es war auf einer Beobachtungsmission um den waren Stand unserer Entwicklung festzustellen und über ein weiteres Vorgehen zu entscheiden.

Wir hatten ja erst kurz vorher angefangen die nukleare Kettenreaktion auszulösen und das Sonnenfeuer künstlich in einer Kernfusion zu entzünden. Das blieb nicht unbemerkt.

Wie auch immer der Ablauf war, das UFO stürzte ab.

Seine Besatzung hatte vermutlich tausende von Lichtjahren im Universum zurückgelegt und soll dort nicht im Stande gewesen sein zu landen ohne das die gesamte Mannschaft lebensgefährlich verletzt wurde oder tot war? Hier waren mit Sicherheit andere Interessen

im Spiel. Letztendlich fiel haufenweise außerirdische Technologie, Geräte dessen Funktion noch nicht bekannt war und die vorher noch niemand gesehen hatte, in die Hände ihrer Entdecker.
Diese Beobachtungsmission erstreckte sich derzeit vermutlich über den ganzen Planeten. Es war gerade ein Weltkrieg im Gange gewesen. Die Nazis hatten sicher auch Besuch erhalten. Sie haben diesen Weltkrieg schließlich begonnen und standen der Entwicklung einer Atombombe schon bedenklich nahe. Aber auch diesem Besuch stand das gleiche Schicksal wie später dem in Roswell bevor. Bei den Hinterlassenschaften nach Kriegsende wurde bei den Nazis Technologie gefunden aus denen später die Tarntechnologie für Flugzeuge und U-Boote entstanden ist. Es fanden sich auch Fluggeräte die den heute üblichen Darstellungen von Ufo´s glichen. Die Nazis interessierten sich wohl mehr für das Fluggerät als für die Elektronik. In Zeiten des Krieges war es ihnen sicher wichtiger schnell unerkannt angreifen zu können. Wahrscheinlich wurde die Kettenreaktion in den Ufos der Besucher derzeit weit sinnvoller als Antrieb genutzt. Diese Weise zu verstehen lag derzeit jedoch jenseits des Verständnisses der Nazis. Der ungeheuerliche Energiegewinn aus einer verschwindend kleinen Menge an Uran blieb den deutschen Wissenschaftlern aber nicht verborgen.
Als Wissenschaftlern bewusst wurde welche Zerstörungskraft damit einher ging verbargen sie ihr Wissen damit es nicht in

Nazihände fiel. Die erste Atombombe wurde dann nach der Immigration dieser Wissenschaftler in Amerika mit Hilfe dieses Wissens von Oppenheimer und anderen Wissenschaftlern fertiggestellt.

Konnte man diesen Aliens vielleicht noch hilfreiche Informationen abverlangen? Alle überlebenden Insassen des Ufos verstarben nach und nach. Angeblich durch die bei dem Absturz erlittenen Verletzungen. Wahrscheinlich waren auch andere Umstände der Grund dafür gewesen. Es wurden verschiedene Experimente mit den Überlebenden angestellt und deren Leichen obduziert.

Die Nazis waren sicher auch zu allem bereit um an nötige Informationen zu gelangen. Hierüber wurde jedoch noch nichts bekannt gegeben. Über die Verhörmethoden die beim Militär damals angewendet wurden brauche ich Ihnen hoffentlich nichts zu sagen!

Berichten zufolge versuchten sich diese Wesen in Roswell noch telekinetisch gegen Experimente an ihnen zu wehren. Also mit Kraft derer Gedanken. Anscheinend aber ohne durchgreifenden Erfolg. Ich hörte jedoch von einem damit getötetem Agenten woraufhin der telepathische Alien dann aber erschossen wurde.

Nachdem man in Roswell alle Trümmerteile in Area 51 versteckt hatte konnte man auch diesen Vorfall der Weltöffentlichkeit vorerst erfolgreich verbergen. Jahrzehnte später kamen jedoch einige Tatsachen ans Licht und der Vorfall wurde wieder aufgerollt. Natürlich wurde jede Beteiligung aufs Äußerste dementiert.

Um keinen Verdacht zu provozieren entwickelte man diese Techno-

logien erst später nach und nach langsam weiter zu den Gebrauchsgegenständen die wir heute für unverzichtbar halten.
Die Fähigkeiten für deren Gebrauch sollten später noch einige nötigen Fähigkeiten erzeugen.

In einer Zeit als man gerade mal über den Einsatz von Transistoren in Radios verfügte begann die Entwicklung von Computern.

Anfangs hatten sie noch die Größe von ganzen Büros. Kurz später, ungefähr zu jener Zeit, begannen die Ausmaße rapide zu schrumpfen. Die Lasergesteuerte Datenverarbeitung kam später noch dazu um benötigte Rechengeschwindigkeiten damit auf ein Minimum zu reduzieren. Vielleicht war diese Verbesserung auch als weitere Gabe geplant da wir die Bereitschaft dazu mit Büro großen Rechnern schon signalisiert hatten.
Wie dem auch war wir hatten diese Fähigkeiten auf einmal.
Die Produzenten solcher Techniken berufen sich natürlich auf folgerichtige Weiterentwicklungen. Aber das zeitnahe Auftreten dieser Dinge macht mich skeptisch.
Das Internet zähle ich übrigens zu den wichtigsten Errungenschaften die diese Entwicklung heutiger Computer letztendlich mit sich brachte. Offensichtlich ein Evolutionsschritt. Alles bekannte Wissen ist hier weltweit gleichermaßen jedem frei zugänglich.
Unglaublich große Datenmengen sind hier gespeichert. Jeder Laie kann sich dort Informationen besorgen die ihn zu erstaunlichen

Dingen befähigen. Man bräuchte es noch nicht einmal zu lernen. Es ist wie wir es seither erfolgreich gemacht haben einfach abzuschauen. Das Internet wurde zuerst zu Kriegszwecken entwickelt. Später dann aber erfolgreich zum schnellen Datenaustausch zwischen weit entfernten Forschungseinrichtungen genutzt.
Daraus wurde das Internet wie wir es kennen. Die Möglichkeit mit jeder Person auf diesem Planeten in Kontakt zu treten wurde auch jedem gleichermaßen eröffnet. Die Welt hatte sich vernetzt.
Die Waffen wurden zu Pflugscharen gemacht. Augenscheinlich jedenfalls. Diese Fähigkeit haben wir uns jedoch gewaltsam verschafft indem wir uns die aus dem UFO stammende Technologie eigenmächtig aneigneten und zum heutigen Stand brachten.
Die so zur Höchstleistung gebrachte Computertechnik wurde schnell als Vorteil erkannt und dann zur Eigenschaft gemacht.
Indirekt jedenfalls, die Fähigkeit vollbringt der Computer. Wir haben nur die Eigenschaft übernommen den Computer mit Befehlen zu steuern um ihn für uns arbeiten lassen zu können.
Derzeit hat der Mensch schon damit begonnen eine Schnittstelle zwischen Gehirn und Computer zu etablieren. Noch beschränken sich die Erfolge auf die Kontrolle von künstlichen Körpergliedern durch die Kraft der Gedanken. Aber auch die Bedienung von Computern ist angepeilt. Die Möglichkeiten scheinen sich zu potenzieren. Angeblich nutzen wir gerade mal 10% unserer Gehirne um das zu leisten wozu wir derzeit in der Lage sind. Wozu wären wir wohl

fähig wenn wir nur die Hälfte unserer Gehirne nutzen würden? Immerhin 5 Mal so viel wie bisher.

Ganz zu schweigen davon was mit 100% Einsatz möglich wäre.

90% wären jedoch erstrebenswert um noch einen Ausfall kompensieren zu können. Wir könnten damit beginnen zu erlernen unsere Bewusstsein schon vor unserem Tod von den materiellen Fesseln zu lösen die dieses Bewusstsein hervorgebracht haben. Wir müssten unsere Körper von sämtlichen Bosonen befreien können deren Anteil an Higgs Bosonen die Materie zusammenhält. Diese könnten dann den Körper als Bewusstsein in Quantenform verlassen während ein Restbewusstsein die Form des Körpers aufrecht erhält der damit am Leben bliebe. Zur Auslagerung unserer Bewusstsein müssten wir dann bestimmt wie bei nahtod Erlebnissen unser gesamtes Gehirn auf einmal einsetzen können.

Somit wären wir imstande uns zu Lebzeiten in diesen Quantenzustand zu begeben und danach wenn wir diesen Zustand nicht mehr benötigen wieder in unseren ursprünglichen Körper zurückkehren.

Das wäre eine Voraussetzung um schnell auf Lichtgeschwindigkeit gebracht werden zu können. Wenn man noch irgendein Tempo annehmen müsste um sich in diesem Zustand fortzubewegen. Man wäre über das Kontinuum das gefüllt ist mit Quantenenergie aller Arten per Bewusstseinsenergie mit jedem anderem Ort in diesem Kontinuum verbunden. Wahrscheinlich auch mit jedem Ort in angrenzenden Kontinuen. Die Re-Materialisierung stellt sicher das Hauptproblem dar. Aber wenn man bedenkt wie viele Einzelbewusstsein mit humanoiden Körpern allein auf unserem Planeten vorhanden sind darf man hierbei von einer hohen Wahrscheinlichkeit ausgehen das auf anderen erdähnlichen Planeten auch ähnliche Voraussetzungen bestehen. Unsere so auf Reise gegangenen Bewusstsein bräuchten am Zielort nur einen Wirt Körper dessen Bewusstsein bereit ist für die Zeit der Doppelbesetzung die Kontrolle über seinen Körper zur Verfügung zu stellen. Das Bewusstsein dieses Körpers müsste in einer Art Trance ruhiggestellt werden oder es lässt sich eine Art Verschmelzung erreichen bei der dann zwei Bewusstsein gleichzeitig diesen Körper besetzen können. Natürlich könnte nur eines der beiden Bewusstsein die Kontrolle über diesen Körper haben. Ohne Ziel Körper wäre dieser Weg aber leider undenkbar. Zum Glück besitzt Materie, Energie in fester Form, offenbar so etwas wie ein Bewusstsein. Jedoch wäre es sehr unpraktisch in leblosem Material zu erscheinen da die Mobilität dadurch sehr begrenzt ist. Jedenfalls die Bewegung die wir als Person vollziehen. Als Auto oder Fluggerät sähe das schon wieder ganz anders aus.

Wer weiß wie viele außerirdische Bewusstsein sich derzeit unentdeckt unter uns befinden. Es bleibt spekulativ aber die vielen Möglichkeiten lassen eine hohe Wahrscheinlichkeit zurück.

Der Zeitplan gerät ins wanken wenn wir eigenmächtig Entwicklun-

gen beschreiten für die wir Fähigkeiten benötigen über die wir noch keine ausreichende Kontrolle haben.
Ich spiele damit zum Beispiel auch auf die Genmanipulationen an die man derzeit schon beginnt in großem Ausmaß im Ackerbau anzuwenden. Derzeit besteht sogar ein staatlich subventionierter Trend alle biologischen auch medizinische Probleme und Wünsche damit zu lösen. Beängstigender fand ich allerdings das Vorhaben synthetischen Biotreibstoff herzustellen. Um eine Beeinflussung natürlicher Erbmasse mit synthetischer auszuschließen ist geplant die Bestandteile der Chromosomen, die aus der Kombination von vier natürlichen Basen bestehen, nach und nach durch vier unnatürliche Basen also nicht in den von der Natur in Chromosomen verwendeten zu ersetzen. Bei den ersten Zwei Basen wurde schon über Erfolge berichtet. Für einen Erfolg halte ich das allerdings am wenigsten. Eher für einen ersten Schritt in unseren Untergang.
Wer weiß was wir bei diesem substanziellen Eingriff in die Schöpfung, der hier noch einen Schritt weiter geht als die übliche Genmanipulation bei der wir noch immer in Gottes Baukasten mit natürlichen Basen in den Chromosomen wühlen, für eine Basis von Lebensformen erschaffen. Wir bewältigen heutzutage schon viele auf natürlichem normalem Weg mutierte Erreger von Krankheiten nicht mehr. Nicht auszudenken wohin uns eine Mutation von Zellen mit synthetischen Chromosomen brächte.

Neben der ungehinderten Verbreitung von Pollen und Fruchtkörpern durch Tiere, Wind und Insekten kann man eine Auswirkung auf zellularer Ebene in anderen Organismen schon mit natürlich veränderten Genen nicht ausschließen. Einmal in unser Ökosystem eingedrungen ist es unmöglich diese Verteilung zu stoppen oder umzukehren.
Mutationen sind die Folge. Anfangs noch beabsichtigt um die Erträge zu steigern oder die Widerstandsfähigkeit der Pflanzen vor Trockenheit, Nässe und Schädlingsbekämpfungsmitteln oder anderen Einflüssen zu erhöhen. Aber über die Anpassungsfähigkeiten von Insekten wissen Sie bestimmt auch schon Bescheid. Das kann böse enden! Die gleiche Unsicherheit besteht natürlich bei allen neuen Technologien. Wie auch bei der Nano- Technologie von der eine Langzeitauswirkung durch Nano-Partikel auf organische Zellen noch unbekannt aber zu erwarten ist. Wirtschaftliche Interessen und Bedürfnisse überlagern hier wie so oft die Vernunft.
Auf diese Fähigkeiten sollten wir so lange verzichten bis wir eine Kontrolle sicherstellen können. Zu unserem eigenem Schutz!
Wenn also unser Kontinuum wirklich in unser Universum vorgedrungen ist dann ist es theoretisch möglich ohne Zeitverlust mit Hilfe der Quantenmechanik über sehr sehr weite Strecken zu reisen. Durch die Kontinuums weite Quantenmatrix wären wir zu jedem Zeitpunkt an jedem Ort innerhalb dieses Quantenvolumens welches unser Universum dann darstellt. Wir müssten uns nur ent-

scheiden wo wir uns wieder materialisieren wollen sofern geeignete Wirt Körper am Zielort vorhanden sind. Im Prinzip müsste am Zielort nur ein geeigneter Quantenmix vorliegen aus dem die Bewusstseinsenergie, die wie ich meine ausschließlich aus Higgs Bosonen besteht, die zum Aufbau eines Wirt Körpers nötigen Quarks zusammensetzt zu Atomen. Beziehungsweise Protonen, Neutronen und Elektronen aus denen dessen Atome aufgebaut sind die dann in Molekülen zu Zellen zusammengefügt werden um einen Körper zu bilden. An den Ort an den wir denken würden könnten wir erscheinen. Göttlich oder?

7. Die Besucher

Ich nenne diese Wesen bewusst nicht hier schon Aliens da sie uns bestimmt ohnehin schon verblüffend ähnlich sein werden und unter anderen Menschen nicht mehr leicht zu unterscheiden sind. Deren Herkunft wird, wenn ich recht habe, auch ein Planet wie die Erde sein mit ähnlichen oder gleichen Bedingungen wie bei uns unter denen Leben entstehen und sich entwickeln konnte. Da Energie aber immer den gleichen Weg nimmt um ihr Ziel zu erreichen, den des geringsten Wiederstandes oder Aufwandes, werden hochentwickelte Lebewesen auch immer die gleichen Formen bekommen haben die sie dann optimal zu ihren Aufgaben befähigt. Bei uns sind das 4 Gliedmaßen mit je 5 Einzelgliedern, einem Torso mit den lebenswichtigen Organen und einen Kopf an der höchsten Stelle mit Sinnesorganen sowie einer Öffnung zur Nahrungsaufnahme.
Bei allen anderen Körperorganen, wie zum Beispiel die welche zur Fortpflanzung benötigt werden, ist bestimmt ein gewisser Spielraum. Je nach Anforderung durch die Lebensbedingungen auf dem jeweiligem Planeten konnte sich deren Aussehen und Anordnung

mit Hilfe der Evolution, die der Energie wohl als Hauptwerkzeug dient bei der Entwicklung von Lebensformen, in der besten Weise ausbilden die den Fortbestand sicherte. Diese Anordnung ist, zumindest unter unseren Lebensbedingungen die wir wahrscheinlich auch auf anderen Planeten in Bereichen der Galaxien wie der unseren vorfinden, vermutlich die günstigste um eine dominante Rolle in der dort entstandenen Natur zu erfüllen. Da diese Form durch natürliche Auslese also Evolution entstanden ist wird sich die Energie welche solche Abläufe steuert immer wieder für die gleiche Form entscheiden. Das alleine macht die Besucher uns natürlich nur ähnlich in ihrer Grundform. Aber das Gerüst ist das gleiche und man kann sich dort bestimmt auch gut verkleiden und Masken entwerfen mit denen sie uns dann gleichen. Falls sie das nicht ohnehin schon tun um unerkannt unter uns zu leben und bestimmte Aufgaben ungestört zu erfüllen.

Die Besucher sind hierbei wie Katalysatoren zu Gange. Ihr Erscheinen begünstigt Reaktionen ohne das sie dabei selber an Substanz verlieren. Sie ebnen der Energie den kürzesten und günstigsten Weg um ans Ziel zu gelangen. Die Energie wird dabei immer nur transformiert, sie geht nie verloren. Im Gegenteil, sie wird dadurch vermehrt.

Die Besucher haben verschiedene Aufgaben. Die Begünstigung der Bedingungen zum Entstehung von Leben. Eine gesteuerte Entwicklung der intelligenten Lebensformen und die Vermeidung einer vorzeitigen Vernichtung von fortgeschrittenen Zivilisationen durch initiierte Eigenschaften oder ungewollte Ereignisse die diese nicht mehr beeinflussen können.

Diesem Schicksal sah die Menschheit sich nämlich schon öfter ausgesetzt. Ob und wie der Menschheit im einzelnen geholfen wurde bleibt weitgehend unsicher. Allgemein bekannt ist jedenfalls eine Begebenheit unter der ein Mann ein Schiff von einer Größe baute das zur damaligen Zeit für undenkbar galt. Dessen Tragfähigkeit muss immens gewesen sein. Für jede Tierart galt es zwei Exemplare mitzunehmen. Zudem kam die ganze Verpflegung für all die Tiere und die Besatzung. Etwas Takelage war auch noch dabei. Trotzdem war dieses Schiff von dieser Größe und mit seiner gesamten Ladung voll schiffbar. Ausgrabungen zufolge verfügte es sogar über einen Pendelmechanismus der den Seegang auf offener See ausglich. Von da an war der Menschheit das Überqueren von großen Seewegen möglich. Die Menschheit konnte sich nun in verhältnismäßig kurzer Zeit über den gesamten Globus verteilen nachdem diese Begebenheit die dieses Schiff erforderte vorüber war.

Die Anleitung zum Bau dieser Arche bekam jener Mann angeblich von einem Engel. Dieser Besucher musste zu dieser Zeit wahrhaftig wie ein Engel erscheinen. Schließlich stieg er vom Himmel herab wie ein solcher damals beschrieben wurde und verfügte über unfassbares Wissen. Den Begriff Engel kann man hier auch mit Lichtgestalt umschreiben. Es sind Energiewesen von menschlicher Gestalt aus reiner Energie im Quantenzustand. Engel gehören zu den Erschaffern und können sich frei im Kontinuum und dem in ihm enthaltenem Universum bewegen. Natürlich mit jedem erforderlichem Tempo. Sofern sich die dunkle Materie aus der das Kontinuum meiner Meinung nach besteht schon wie bereits gesichtet wurde im ganzen Universum seit 15 Milliarden Jahren auswirkt. Sie können dann in diesem Quantenvolumen die beschriebenen Auswirkung der Quantenmechanik benutzen um sich schnell an ihre Einsatzorte zu begeben. Mit schnell meine ich die absolute Geschwindigkeit bei der die Komponente Zeit aus den normalen Gleichungen verschwindet. Man würde in dem Moment ankommen in dem man sich auf den Weg gemacht hat.

Diese Besucher müssten es auch gewesen sein die es ermöglicht haben das sich verschiedene Aminosäuren zum richtigen Zeitpunkt an der richtigen Stelle befunden haben als die „Laune“ der Natur begann. Die Aminosäuren mögen ja schon vorhanden gewesen sein. Deren Entstehung kann man ja noch mit dem Bestreben der Energie immer komplexere Verbindungen einzugehen erklären.

Deren zufälliges vorhanden sein an der richtigen Stelle zur gleichen Zeit die dafür nötig gewesen wäre um eine funktionierende Zelle zu bilden halte ich schon rein statistisch für unmöglich. Eine zufällige Anordnung in dieser Form ist demnach auszuschließen.

Die Anzahl der beteiligten Teile die es hierfür benötigt schlägt wieder einmal unser Vorstellungsvermögen. Und Fehler beim Aufbau schon in kleinstem Ausmaß kann die Funktion dieser Zelle verhindern. Auf jeden Fall sind kleinste Fehler Auslöser einer Kettenreaktion von weiteren Fehlern die sich dann bei jeder Kopie potenzieren , und nichts anderes als eine Kopie ist jeder Nachkomme dieser Zelle deren Fehlerhaftigkeit immer größer wird.

Die Tatsache das seit dem jede weitere Zelle aus einer schon existierenden Zelle hervorgegangen ist macht deren anfängliche Existenz alleine schon unmöglich. Siehe Huhn/Ei Paradoxon. Wer war zuerst da? Pflanzen mussten hierbei wohl oder übel beginnen um den nachfolgenden Organismen als Nahrung dienen zu können. Insekten folgten. Aber auch hier galt das gleiche. Ohne Samen keine Pflanze, ohne Larve kein Insekt. Einer von Beiden muss schon da gewesen sein. Wie gesagt alles passierte ziemlich zeitnah. Um sicher zu gehen das gewollte Formen entstehen können geschah bestimmt alles gleichzeitig.

Ganz zu Schweigen von der Entstehung komplexer vielzelliger Lebewesen die aus Einzellern wie Amöben hervorgegangen sein müssen. Zu dieser Leistung mussten die Einzeller aber als erstes erkennen das sich ein Verband zu mehreren positiv auf dessen Fortbestand auswirkte. Was sollte sie aber dazu bewegen? Vorher hatten sie ja auch ihren Bestand gesichert. Sie waren zu keiner

weiteren Veränderung mehr gezwungen.
Das erklärt auch den langen Zeitraum von Millionen von Jahren den es benötigte um komplexere vielzellige Lebensformen hervorzubringen. Als dieses Problem dann an höchster Stelle bekannt wurde begannen diese Energiewesen wieder auf der Erde zu erscheinen. Dieses Mal mussten sie nur einige Zellverbände dazu bringen gemeinsam in Aktion zu treten.
Die Zellen waren es ja bisher gewohnt Abstand zu halten um genug Nährstoffe zu erhalten. Sie mussten nun dazu gebracht werden sich näher zu kommen als sie es mussten.
Doch das reichte noch nicht aus um über eine reine Anhäufung der Zellen zu einem Klumpen, was eher einem Kristallwachstum glich, hinaus zu kommen. Es brauchte eine vorgegebene Form und Funktion im Zellverband. Ganz zu schweigen von den Bauplänen der Zellen, den Chromosomen, die ja auch schon vorhanden sein mussten um den Aufbau zu steuern und dann eine Vervielfältigung zu ermöglichen.
All diese Fähigkeiten die für den perfekten Ablauf der Zellfunktionen und Anordnung im Körper sorgen stecken in den Chromosomen. Und die sollen sich per Zufall aus vorhandenen Aminosäuren zusammengefügt haben? Das sieht mir doch eher nach der Handschrift einer Intelligenz aus die bewusst handelte.
Diese Handlungsweise benötigt vielleicht etwas mehr Zeit so wie es die Evolution es später brauchte. Aber für den Start benötigte es

mehr als Möglichkeiten und vergessen wir nicht den unterschiedlichen Zeitverlauf in den einzelnen Dimensionen. Eine Nanosekunde der einen Dimension entspräche einer Ewigkeit in der untergeordneten Dimension. Zeit fällt also als Bemessungsgrundlage für diese Absichten weg.

Die Eigenschaft mit Zusammenarbeit aller Beteiligten mehr Erfolg zu haben musste Initiiert werden um sich auch hier zu bewähren.

Damit ein voll funktionsfähiger Organismus entstehen konnte brauchte es wieder eine Vorlage. Hierfür waren auch diese Energiewesen zuständig. Diese konnten dank Quantenmechanik wie gesagt zu jeder Zeit überall gleichzeitig sein. Das ermöglicht es überhaupt erst so vorzugehen damit alles zur gleichen Zeit entstehen kann. Jede Zelle benötigt um im Kern zu Bestehen immer ein Milieu das mit einer Membran umschlossen ist um einen osmotischen Stoffwechsel zwischen den Organellen innerhalb der Zelle zu ermöglichen. Ich weiß nicht womit man hätte beginnen sollen um das alles gleichzeitig gewährleisten zu können bei einem linearem Zeitverlauf. Die Komplexität solcher Vorgänge die dafür nötig sind um eine Zellfunktion aufrecht zu erhalten sind ohnehin sehr umfangreich. Da war scheinbar wieder jemand behilflich gewesen der über solche Fähigkeiten verfügt diese Abläufe gleichzeitig zu steuern damit sie überhaupt erst geschehen.

Einer jeden Art von Lebensformen wurde nach dessen Entstehung

neben der Fähigkeit in Verbänden aus Zellen zu bestehen auch eine Form auferlegt in die es hinein wachsen konnte.
Da waren wohl mehrere Wesen tätig. Für jede Lebensform gab es eine Vorgabe. Nachdem die Fortpflanzung untereinander sichergestellt war konnten sich die Formen selber manifestieren.
Das das Leben an Land wiederum so viel später eine Artenexplosion erfuhr lag wohl daran das sich die im Wasser lebenden Organismen erst einmal klar darüber werden mussten das ein Leben an Land vorteilhafter ist. Die Entwicklung unter Wasser ist zwar ungleich aufwendiger, einige Säugetiere haben dennoch wieder den Weg sich im Wasser weiter zu entwickeln bevorzugt.
Delphine und Wale in vielen Arten, die einzigen unter Wasser lebenden Säugetiere, haben so gehandelt. Warum auch nicht. Nachdem sie an Land zu einer Dinosaurier Größe heranwuchsen bekamen sie bestimmt Probleme bei der Konkurenz mit der Nahrungsbeschaffung. Sie bemerkten bei ihren Wasserbesuchen die sie dann vermutlich auch bei einer Flucht vor anderen Raubsauriern unternahmen das sie beim Tauchen nur das Maul weit zu öffnen brauchten um an genug Nahrung zu kommen. Viele Wale jedenfalls. Es gibt auch Raubtiere unter ihnen die sich lieber einen fetten Happen auf einmal holten anstatt ewig mit offenem Maul durch die Ozeane zu tauchen. Delphine sind übrigens auch Raubtiere. Wale jedoch konnten dank ihrer mühelosen Nahrungsbeschaffung unter Wasser auch ihre Dinosaurier Größe

beibehalten. Sie schwebten unter Wasser ohne großen Aufwand zur Fortbewegung. Vergessen wir aber nicht das auch alle an Land lebenden Säugetiere im Wasser entstehen und die ersten Monate ihres Lebens unter Wasser verbringen. Es ist zwar nur Fruchtwasser in einer Gebärmutter aber der Vorteil den dieses Medium bietet wird schnell deutlich. Einige andere Wesen haben unter Wasser Fähigkeiten entwickelt zu denen Landlebewesen so bis jetzt nicht imstande waren. Ich denke hierbei an die Stromerzeugung im Bereich von mehreren tausend Volt bei Zitteraalen. Auch die lorenzinischen Zellen die vielen Meeresbewohnern zum Aufspüren von Nahrung dienen arbeiten elektrisch. Dieses zwar nur im Milliampere Bereich, sie funktionieren aber nur unter Wasser.

Um aber erst einmal an Land zu kommen musste sich ein solcher Organismus wider allen Umständen die es mit sich brachte bei der Atmung und der Fortbewegung eigenständig an Land begeben können um einen Vorteil zu erkennen. Damit das geschah musste die Möglichkeit sich auch an Land ausreichend Nahrung beschaffen zu können zuerst sichergestellt werden. Die Besucher mussten an Land geeignete Bedingungen schaffen falls diese nicht schon existierten. Die Natur hatte ihren Auftritt an Land. Pflanzen und Insekten entstanden wieder mal zugleich.

Als diese Organismen dann von den Besuchern an Land gebracht wurden um zu bemerken das dieser Lebensraum erstrebenswert war entwickelten sie nach und nach Fähigkeiten um selber an Land zu gelangen. Schlammspringer machten hierbei vermutlich den Anfang. Die Entwicklung eines ausreichenden Fortbewegungsmittels war Voraussetzung für diesen Schritt von ungeahntem Ausmaß. Durch die Vorteile an Land verwandelte die Evolution die Schwanzflosse in ein Paar Beine. Die vorderen Brustflossen wurden zu Vorderläufen. Natürlich erst nach einiger Zeit wie sie evolutionäre Veränderungen dieser Art in der Regel benötigten.

Die spätere Entwicklung konnte nun durch weitere evolutionäre Veränderungen und Fortpflanzung gesichert werden.

Zur späteren Errettung und Steuerung der Entwicklung mussten aber wieder andere Wesen eingreifen.

Diese Wesen waren anderer Herkunft als die Erschaffer.

Sie waren die Entwickler und verfügten über materielle Körper.

Sie verfügten auch über Beförderungsmittel die ihnen einen schadlosen Transport bei Überlichtgeschwindigkeit durchs gesamte Universum ermöglichten. Sie stammten von einem der unzähligen erdähnlichen Planeten in den fernen oder auch näheren Galaxien dieses Universums. Vielleicht sogar aus unserer eigenen Galaxie, der Milchstraße.

Die ersten, also die Erzengel, kamen vermutlich aus einem schon voll entwickeltem Universum in einem anderem Kontinuum oder einer anderen Galaxie in unserem Universum in unserem Kontinuum. Die dort erlangten Fähigkeiten zum entwickeln geeigneter

Zivilisationen konnten erfolgreich auf unser junges Universum oder Galaxie übertragen werden. Unser Universum oder Galaxie besaß ja noch keine Einzelbewusstsein sondern nur das Kollektive welches der Energie als Ganzes innewohnte. Die mit Hilfe der Entwickler dort entstandenen Zivilisationen hatten, durch eine auch dort bestehende Zeitvorgabe die von dem jeweiligem Sternensystem abhing, ihre Entwicklung beschritten. Die war sicherlich auch einem solchem Zyklus angeglichen wie dem in unserem Sonnensystem in dem auch sie Besuch von anderen Entwicklern bekamen die sich auch nach einem solchem Kalender orientierten der die gleiche Konstellation als Termin für einen Besuch datiert wie bei uns. Nur zu einem anderen Zeitpunkt an dem auch sie die vorgesehenen Entwicklungsstadien erreicht hatten.

Dieser Kalender wurde sicherlich von den Erschaffern zu einem geeignetem Zeitpunkt auch dort installiert um einigen dort verbliebenen von Ihnen die Möglichkeit zu geben die zeitlichen Abläufe der Entwicklungen in einem nötigen Rahmen zu halten damit die Geschehnisse mit dem Eintreffen der Entwickler harmonisierten.

Diese zurückgelassenen Erschaffer, sicher nur wenige, mussten unbemerkt diese Entwicklungen vorantreiben oder verzögern um sie für weitere Besuche zu koordinieren, natürlich unerkannt. Letztendlich waren auch diese Zivilisationen dazu fähig geworden solche Raumschiffe zu bauen mit denen sie unbeschadet diese

Entfernungen bewältigen konnten um andere Zivilisationen zu besuchen und ihnen zu den festgelegten Zeitpunkten bestimmte Fähigkeiten aufzuzeigen die sie dann als Eigenschaft nutzen konnten. Nun waren diese Zivilisationen auch Entwickler geworden.
Diese stehen untereinander sicher in dauerhaftem Kontakt damit sie ihre Vorgehensweise untereinander zeitlich abstimmen können. In diesem Stadium ihrer Entwicklung halten sie aber auch ständig Kontakt zu den Energiewesen die auch bei ihnen als Erschaffer auftraten. Die wenigen zurückgelassenen Erschaffer konnten danach wenn die Zivilisationen den Entwickler Status erreicht hatten auch wieder zurückkehren von wo auch immer sie kamen. Diese leiteten mit ihrem erscheinen auch dort den Startschuss des Lebens ein. Als dann Zivilisation entstand konnten andere Wesen übernehmen diese fertig zu entwickeln bis auch sie dank der von jenen erworbenen Eigenschaften Entwickler wurden. Eine Art Evolution des Wissens die sich stetig verbreitet und nach und nach die beteiligten auf einen Stand bringt der eine Fähigkeit erzeugt.
Es muss sich dabei auch um diese Fähigkeit handeln das Bewusstsein vorübergehend von seinem materiellen Körper zu trennen da es definitiv unmöglich zu sein scheint sich in materieller Form aus Atomen schneller zu bewegen als das Licht. Bei den Erschaffern war dies dank ihrer Daseinsform als Energiewesen im Quantenzustand nicht mehr nötig. Ihre fast Masse freien Körper in Quantenform können den enormen Beschleunigungskräften die für diese

Geschwindigkeiten aufgebracht werden müssen unbeschadet widerstehen falls dabei überhaupt eine Belastung wie Trägheit entsteht an fast gänzlich von Massen befreiten Körpern.
Die Entwickler jedoch sahen sich wegen ihrer massiven Körper gezwungen andere Wege zu gehen um mit solchen Belastungen fertig zu werden.
Bei einer Beschleunigung von 10 G, Gravitationskräfte denen sich Kampfpiloten im Simulator mindestens 1 Minute ausgesetzt keiner Beeinträchtigung hingeben dürfen dauert es immer noch 30 Jahre um solch eine Geschwindigkeit zu erreichen. Bei einer eher natürlichen Beschleunigung von 1 G, der Gewichtskraft mit der wir zu Boden gedrückt werden, dauert diese Beschleunigung allerdings schon 300 Jahre.Wir können aber dank unserer Trägheit auch nur genauso schnell wieder abbremsen und verdoppeln dadurch schon die Flugzeit für eine Strecke. Ganz abzusehen von der langen Flugzeit die eine Reise zur nächsten Galaxie, dem Andromeda Nebel der 200 Millionen Lichtjahre von uns entfernt ist, benötigen würde. Die Zeitverzögerung welche dafür sorgt das die 200 Millionen Jahre Flugzeit zu ein Paar Jahren schrumpfen tritt leider erst nahe der Lichtgeschwindigkeit auf und geht kontinuierlich vom ersten Schritt an, also von Null aus, bis zur Endgeschwindigkeit von Licht voran. Dann bleibt sie allerdings völlig stehen. Und jetzt ist eine weitere Beschleunigung leider unmöglich für uns. Die Zeit ist ja ste-

hengeblieben, jedenfalls für das innere des Raumschiffs. Das Raumschiff selber unterliegt weiterhin dem linearen Zeitverlauf. Es fliegt weiter mit Lichtgeschwindigkeit voran und wir könnten es von der Erde aus dahinfliegen sehen. Eben nur nicht schneller als Licht. Jede vom inneren des Raumschiffs benötigte Reaktion die eine weitere Beschleunigung verursachen könnte kommt mit dem Zeitstillstand zum erliegen. Wir kommen also nur nahe heran an die Geschwindigkeit von Licht. Die einzige Möglichkeit bei diesem Tempo noch weiter zu beschleunigen wäre ein Anstoß von außen so wie es die Ausdehnungsbeschleunigung im Universum mit den Galaxien macht. Jedes Quäntchen an Energie das man dann noch dem Gegenstand der sich schon mit Lichtgeschwindigkeit voranbewegt hinzufügt in Flugrichtung stößt ihn aus unserem Raum/Zeit Gefüge. Es bleibt dann aber sofort stehen da jetzt alle Bewegungsenergie in diesem Gegenstand transformiert wird. Der Gegenstand erlangt unendliche Größe und erscheint in der übergeordneten Dimension die ein viel Größeres Raum/Zeit Gefüge hat in dem die vorige Lichtgeschwindigkeit wie Zeitlupe aussieht.

Ich nehme an dieser Zeitstillstand im inneren ist dann der Auslöser für einen Quantenübergang der Materie ähnlich wie bei der Bose Einstein Kondensation bei der auch alles stillsteht wenn -273,15° Celsius erreicht worden sind. Vermutlich lässt sich über dieses Gleichnis der Quantenzustände bei dieser Geschwindigkeit auch ohne Zeit noch etwas bewegen. Mir ist leider keine mathematische

Formel bekannt bei der Geschwindigkeit und Temperatur in einer Gleichung zum Einsatz kommen. Vielleicht ja in der Quantenphysik die auch die atomaren Eigenbewegungen einbezieht. Über die bin ich aber leider nicht informiert.

Irgend einen genialen Trick muss es dafür aber geben da bin ich fast sicher.

Die Beschleunigungs- und Verzögerungs - Zeiträume nahe der Lichtgeschwindigkeit müssten wir ohne diesen Trick aber in voller Länge ertragen. 400 Jahre lang. Man müsste die Körper der Besatzung in eine Art Kälteschlaf versetzen und abwechselnd immer wieder beleben um den Kurs und die Funktion des Raumschiffes zu kontrollieren falls man das überleben könnte. Die Reise dauert immerhin tausende Jahre oder länger. Das einfrieren lebender Körper haben wir ja schon praktiziert. Ich habe allerdings noch nicht davon gehört das einer der gefrorenen Probanden lebendig wieder aufgetaut wurde. Ungeachtet der Nebenwirkungen die bestimmt nicht ohne physische Extrembelastung wären.

Den Beweis ist man uns noch schuldig und ich würde es auch nicht riskieren bevor dieser Beweis erbracht worden ist. Von dieser Möglichkeit sind wir also noch weit entfernt. Unsere Raumfahrttechnik steckt, verzeihen sie mir die Arroganz, auch noch immer in ihren Kinderschuhen. Es besteht also noch kein direkter Handlungsbedarf. Mit bemannten Raumschiffen haben wir es gerade mal bis zum Mond und zurück geschafft. Aber Immerhin das war damals schon eine Glanzleistung zu der wir mit Sicherheit nicht nur von Kennedy inspiriert wurden. Uns war durch den Roswell Zwischenfall deutlich geworden das es kein Traum mehr zu sein schien die Erde zu verlassen. Einige hilfreiche Dinge konnte man sich ja bestimmt noch nach dem Roswell Zwischenfall erfolgreich abschauen. Es gelang nach der Mondlandung sogar Permanent besetzte Raumstationen in den Orbit zu bringen. Doch dazu war hoher Aufwand nötig und der Nutzen begrenzte sich seither auf Materialforschung und medizinische Untersuchungen an der Besatzung in der Schwerelosigkeit. Einige biologische Experimente an Tieren und Pflanzen waren auch dabei. Aber bislang waren oder sind sie nur Prestigeobjekte der jeweiligen Regierung um einen Vorsprung in der Eroberung des Weltraums zu demonstrieren. Den wahren Gewinn dieser Errungenschaft hat bis jetzt noch keiner von ihnen richtig genutzt. Die Fähigkeit Raumschiffe dort zu montieren um ohne gegen die Schwerkraft mit Treibstoffverbrauchs intensiven Starts auf der Erde von dort aus mit wichtigerem als mit Treibstoff beladen zu weiter entfernten Zielen aufzubrechen.

Das gleiche Prestige galt es ja auch schon bei der Mondlandung aufrecht zu halten. Obwohl jeder weitere Nutzen spekulativ blieb trieben beide Weltmächte dieses Vorhaben zielstrebig voran. Trotz der immensen Belastung die sich für die Länder ergaben war der Nutzen nur zweitrangig. Den Erfolg der sich dann für Einen der Bei-

den ergab wurde bisher wie gesagt nur sporadisch genutzt.
Obwohl der Mond einen noch viel besseren Weltraumhafen abgeben würde als eine Orbital Station. Hätten wir damals schon so erfolgreich zusammengearbeitet wie heute an der ISS Raumstation, die dank internationaler Zusammenarbeit in relativ kurzer Zeit entstanden ist, dann wären wir sicher schon über den Mars hinaus gekommen. Mit bemannten Raumschiffen natürlich. Auf dem Mars hat man bislang nur aufwendige unbemannte Sonden mit Suchrobotern ausgesetzt um nach Spuren von Leben zu suchen.
Das dient wahrscheinlich aber wieder nur einer Ablenkung der Öffentlichkeit um die immensen Aufwendungen dafür zu rechtfertigen. In Wahrheit ist hier wieder ein Wettlauf im Gange wie wir ihn zum Mond erlebt haben. Beide Weltmächte sind wieder gleichermaßen an dessen Erforschung bemüht und gehen wieder mal über Leichen um als Erste ihren Fuß dort in den Staub zu setzen. Von einer Möglichkeit den Mars zu besiedeln und als Lebensraum zu gewinnen sind wir ohnehin noch weiter entfernt als das wir es auf dem Mond sind. Einer mehrere Monate langen Reise dorthin stünden neben den Antriebstechniken auch viele Lebensbedrohliche Belastungen bevor dessen Bewältigung derzeit nur mit irrsinnigem Aufwand möglich ist. Um dort leben zu können müsste man neben lebensnotwendigen Stoffen wie Wasser und Luft auch eine geeignete Energiequelle vorfinden. Man ist dort weit weg von Zuhause.

Ein Nachschub an Verpflegung wäre nahezu unmöglich ohne erheblichen Aufwand. Erst kürzlich hat man auf der Mondoberfläche einen Stoff namens Regulit gefunden mit dem es möglich ist eine Kernfusion bei weit niedrigeren Temperaturen als auf der Sonne aufrecht zu erhalten. Von da an war der Mond wieder attraktiv geworden. Das Gerangel wer dort der Erste war wird dann keine Rolle mehr spielen. Die Oberfläche des gesamten Mondes wurde ja schon früh unter allen Staaten der Erde gleichermaßen aufgeteilt seit das Erreichen des Mondes als Fähigkeit galt die fast jeder Staat bewältigen konnte der über die Mittel dazu verfügt. Im Rahmen demokratischer Reformen hatte auch jeder den gleichen Anspruch auf den Mond wie auf die Erde. Jeder Staat bekam gemäß der Größe seines Landes proportional eine Fläche auf dem Mond zugewiesen.
Die NASA hat versucht sich diese Fähigkeit der Raumfahrt mit ihren Shuttles zur Eigenschaft zu machen, traf dabei aber auf bekannte Hürden bei denen mehrere Astronauten ihre Leben verloren.
Seit neuestem hört man aber immer wieder vom Abbau dieser Regulit Vorkommen auf dem Mond im großen Stil. Leider ist damit geplant auf der Erde Energie zu erzeugen, vorerst
jedenfalls. Eine kontrollierte Kernfusion ist auch dort noch Fiktion. Länger als ein paar Sekunden hat man den Sonnenofen auf Erden noch nicht zum brennen gebracht. Und das auch nur bei

irrsinniger Anfangstemperatur von 1 Millionen °Celsius. Zudem kommt noch ein relativ großer Stromverbrauch für die Magnetspulen die das super heiße Plasma von den Reaktorwänden fernhält damit diese nicht schmelzen. Ich glaube sie ahnen welcher Aufwand dafür auf dem Mond nötig wäre.

Wie gesagt der Wettlauf ist entschieden und glauben sie mir wenn die Russen bemerkt hätten das es sich bei der Mondlandung 1969 um eine Simulation im Filmstudio handelte hätten wir das mit Sicherheit erfahren. Den Ablauf konnten sich auch die Russen dank ihrer Fernrohre genauestens anschauen worauf sie bestimmt nicht verzichtet haben. Den Ruhm mussten sie trotz ihrer anfänglichen Erfolge mit dem Ersten Satelliten und ersten Menschen und Tiereim All dann aber an die Amerikaner abtreten.

Das nächste Sternensystem in unserer Milchstraße ist zwar nur 4 Lichtjahre von uns entfernt. Das Alpha Zenturie Doppelstern-System. Das ist allerdings schon so weit von uns entfernt das wir nicht mehr imstande sind mit den heutigen Teleskopen Planeten in diesem System zu definieren. Eine Reise dorthin wäre ein gewagtes Spiel. Neben den gewaltigen Massen an Treibstoff die wir bräuchten um dorthin zu gelangen müssten wir auch noch den Rückweg mit einplanen. Um den auch erleben zu können müssten wir uns nahe der Lichtgeschwindigkeit bewegen. Jedoch um nahe an die Lichtgeschwindigkeit zu kommen bräuchten wir schon bis zu 200

Jahre um die benötigte Beschleunigung zu überleben.

Dann müssten wir nach der Flugzeit von dann nur noch wenigen Tagen noch mal 200 Jahre berechnen um das Bremsmanöver zu überstehen. Das sind schon rund 400 Jahre und ein paar Tage die für eine Strecke anfallen. Ganz zu schweigen von dem Treibstoffverbrauch für solch eine Geschwindigkeit. Die dann zwar nur einmal erreicht werden müsste, Die Trägheit würde uns weitgehend auf diesem Tempo halten aber für das Abbremsmanöver bräuchten wir noch einmal soviel Treibstoff. Es besteht garantiert noch eine andere Möglichkeit um sich mit dieser Geschwindigkeit von A nach B zu bewegen. Abgesehen davon halte ich es für fraglich ob man bei dieser Geschwindigkeit noch irgendein Ausweichmanöver vollziehen kann. Sicher kann man die Flugbahn noch bis zu einem gewissem Zeitpunkt vorausberechnen. Aber der Weltraum ist nicht völlig leer. Und vergessen wir nicht die Zeitverzögerung im inneren des Raumschiffs die ja auch die gesamte Steuerung samt Elektronik und Piloten betrifft. Sie würde natürlich voranschreiten bis kurz vor dem Stillstand während das Raumschiff mit etwas weniger als Lichtgeschwindigkeit weiter durch das lineare Raum/Zeit Gefüge schiesst. Jetzt zeigen sie mir doch einmal irgend jemand oder etwas das bei diesem Zeitlupen Tempo auf ein fast Lichtgeschwindigkeit schnelles Objekt koordiniert reagieren kann!

Abgesehen von den vielen Galaxien treiben auch viele Asteroiden und andere Trümmer dazwischen herum. Ein Schutzschild der uns vor Kontakten dieser Art bewahrt ist bei diesem Tempo utopisch. Selbst ein 1 Gramm schwerer Gegenstand würde bei fast 300000 Km/Sek eine Kraft von mehreren hundert Tonnen auf eine kleine Stelle der Oberfläche des Raumschiffs bewirken. Es würde bestimmt komplett durchschlagen und am anderen Ende wieder austreten. Ganz zu schweigen von größeren Objekten. Eine Beschädigung der Oberfläche eines Raumschiffes ist aber in jeder Größe verheerend.

Und eine dadurch verursachte Beschädigung würde das Schiff sicher zerstören oder irreparabel Beschädigen. Dort jedenfalls. Sie sind aber dank ihres Tempos schon recht weit gekommen. Pro Sekunde haben sie sich um die Strecke von der Erde bis zum Mond von jeder Hilfe aus Richtung Erde entfernt. Ihr Schiff hat aber zwei große Löcher aus denen die Atmosphäre entweicht. Sie erkennen das Wagnis das solch ein Raumfahrer eingehen müsste?

Auch für ein Lebensgefährliches Vorhaben halte ich die Möglichkeit durch Wurmlöcher zu reisen. Deren Existenz ist zwar noch nicht entdeckt worden aber laut Einstein und anderen führenden Physikern gilt dessen Existenz schon als mathematisch bewiesen. Um ein Wurmloch zu erzeugen müsste man aber mit der Gravitation die ein Schwarzes Loch erzeugt die Raumzeit, die nach Einsteins Relativitätstheorie flexibel ist wie ein Tuch, sprichwörtlich falten um zwei dann auf dieser Ebene vorher weit auseinanderliegende

Punkte auf kürzesten Weg miteinander zu verbinden. Das gelingt aber nur mit Hilfe der Gravitation eines sehr großen Schwarzem Loches um dadurch den Raum soweit zu krümmen das er sich faltet. Ein ausreichend großes Schwarzes Loch wäre vielleicht schon imstande einen Riss im Raum/Zeit Gefüge zu erzeugen. Gesetzt dem Fall es gelänge diesem Schwarzem Loch oder einer anderen Quanten Singularität eine ähnlich große Masse an einer anderen Stelle im Universum soweit anzuziehen das sie sich in der Mitte zwischen den beiden Raumzeit Ebenen verbinden und so tatsächlich ein Wurmloch erzeugen. Dann ist doch in der Mitte zwischen den beiden Öffnungen im Raum/Zeit Gefüge eine riesige Subraum-Singularität vorhanden die wie ein Schwarzes Loch alles verschlingt nur im Subraum. Eine Passage dieses Wurmlochs würde darin enden da man es auch nicht schaffen würde dieser Singularität auszuweichen. Zudem würde man durch die Gravitation auf Lichtgeschwindigkeit beschleunigen und könnte ohnehin nicht mehr steuern. Die Zeit bliebe auch hier im Raumschiff stehen. Einen Quantenübergang wie ich ihn vorher beschrieben habe erwarte ich dabei allerdings nicht da alle Materie ins Schwarze Loch stürzt und dieser Ort sich ja schon als Lagerstätte für aussortierte Bosonen erwiesen hat der nicht weiter transformiert wird. Einigen Teilchen gelingt es offenbar doch nachträglich als Energiejet an den Polen zu entkommen. In Quantenform ist es also anscheinend doch möglich auf diese Weise zu über große Strecken zu reisen diese Energiejets müssten dann an beiden enden des Wurmlochs austreten.

Fraglich ist nur wie man das ganze dann koordiniert. Auf jeden Fall müsste am anderen Ende des Wurmlochs jemand sein der die beiden Singularitäten die das Raum/Zeit Gefüge in der Art verformen das es sich falten lässt an dieser Stelle wieder verbindet. Vorausgesetzt man kennt sich aus mit dem Umgang von Singularitäten wie ein Schwarzes Loch es ist. Neben den gigantischen Energiemengen die dafür nötig wären, eine 10 mal so große Sonne wie unsere konnte genügen, muss man sich auch noch gegen die enorme Gravitation zur Wehr setzen wenn man der Singularität zu nahe kommt. Das dürfte bei Handlungen an diesen Objekten nicht ausbleiben. Das bleibt offenbar noch einige Zeit „Sience Fiktion“. Für uns zumindest die über das bestehen in Quantenform noch keine Kontrolle haben. Darüber das man diese erlangen kann besteht meiner Ansicht nach kein Zweifel.

Ein weiterer Besuch könnte unsere Entwicklung diesbezüglich entscheidend beschleunigen. Wir sollten nur nicht wieder den Fehler begehen diese Besucher zu bedrohen oder anders zu behindern.

Es liegt in unserer Hand dieses Treffen friedlich ausgehen zu lassen. Da die Besucher über unsere Verteidigungsbereitschaft schon informiert sind werden sie mit Sicherheit Vorkehrungen treffen um sich dieses Mal wehren zu können. Bei Reisen dieser Art bringt das mit Sicherheit auch einen nicht unerheblichen Mehraufwand mit sich. Neben diesem Konflikt würden wir dann vielleicht auch deren Mitarbeit an unserer Entwicklung verlieren. Wir würden auf einem Entwicklungsstand verbleiben und uns irgendwann fragen warum dieser nicht wie gewohnt voran gekommen ist. Wenn alles schief läuft entscheiden sich diese Besucher dann sogar für eine andere Rasse als die menschliche. Genug Auswahl ist ja auch schon auf unserer Erde vorhanden. Eine neue Gruppe von Primaten könnte sich erheben und unsere fortgeschrittene Entwicklung übernehmen dürfen. Die Fähigkeit sich aufrecht wie ein Mensch zu bewegen habe ich schon mehrfach beobachtet. Nicht nur in Zoos. Auch in freier Natur beginnt die Tierwelt sich zunehmend an den Menschen zu gewöhnen da wo es ihr vorteilhaft erscheint. Für Vierbeiner wird eine Umstellung ihrer Vorderläufe zu Armen mit Händen sicher schwerer fallen als solchen mit angeborenen Gliedmaßen dieser Art wie Affen, Schimpansen, Paviane, Gorillas oder andere Primaten. Die Möglichkeit dazu besteht aber für Tiere fast aller Arten. Fast jede Tierart besitzt Vier Hauptgliedmaßen mit je 5 Einzelgliedern die je eine Hand, Pfote, Klaue, Flosse oder Flügel ergeben. Das wir und auch alle Tiere neben 5 Fingern an den Händen auch 5 Zehen pro Fuß besitzen lässt für deren Einsatz noch einen gewissen Spielraum. Vielleicht müssen wir sie noch sinnvoller einsetzen als jetzt wenn unser Gehirn mit voller Kapazität arbeitet um doppelt so viel Einflussmöglichkeiten zu bekommen. Ich konnte aber auch schon viele andere Tiere auf zwei Beinen laufen sehen. Viele nur bei einer Dressur aber es ist dann bestimmt nicht mehr schwer für das jeweilige Tier zu entscheiden ob und wann diese angelernten Fähigkeiten zum Einsatz kommen können um Vorteile zu bringen die dann zur ihrer Eigenschaft werden können. Das diese Fähigkeit für alle Tiere besteht zeigt uns schon der aufrechte Gang vieler Dinosaurier die zum Glück schon vor langer Zeit fast vollständig ausstarben. Von denen aber letztendlich alle anderen Tiere, uns eingeschlossen, abstammen. Auch gegen uns eingesetzt könnten sich Vorteile ergeben die es dem jeweiligen Wesen für nötig erscheinen lassen könnten diese Fähigkeit als Eigenschaft anzunehmen.

Es könnte beim nächsten Evolutionssprung dem immer eine Eigenschaft folgte auch um Kommunikation gehen. Eine Art Kommunikation bei der die Sprache keine Rolle mehr spielt. Diese Barriere ist anscheinend die letzte die das Gefälle der Interaktionen zwischen den Arten aufrecht erhält. Es bräuchte nicht einmal mehr eine Stimme für eine Verständigung. Gedankenaustausch, auch als Telepathie bekannt, könnte hierbei zu einer Eigenschaft aller Lebewesen werden. Dabei würde sich das Tierreich untereinander mit allen Arten und Rassen gleichermaßen verständigen können. Keine Angst es scheint nur ein kleiner Schritt zu sein diese Fähigkeit einzusetzen die auch wir bereits besitzen wie uns der Versuch der Forscher bei der Kernspin Untersuchung gezeigt hat. Der allerdings eher an Telekinese erinnert. Wir müssten es nur gezeigt bekommen um es uns abschauen zu können. Wir sind bestimmt noch zu vielem anderem imstande. Wir mussten diese Fähigkeiten aber bis jetzt noch nicht einsetzen um einen Vorteil zu erzielen den wir beabsichtigten. Uns reichten bislang unsere Arme, Hände, Füße und Beine gesteuert von unserem „Zentner schwerem Gehirn“ zum Erreichen unserer Zielvorstellungen. Aber zum aufrecht Gehen waren wir ja auch nicht gezwungen und haben diese damals für die Ziele der Affen unwichtige Veränderung vorgenommen. Falls wir jemals mit dieser Fähigkeit konfrontiert sind werden wir uns sicher fragen warum wir das nicht schon früher gemacht haben da wir dazu imstande sind. Es kann sich hierbei nur um eine Grundfunktion handeln wie das Schwimmen das auch schon Säuglinge bewältigen um über Wasser zu bleiben. Diese Fähigkeit muss nur ausgelöst werden. Jemand müsste uns nur ins kalte Wasser werfen um es so auszudrücken.

Der Menschheit würde sicher auch noch eine weitere Fähigkeit zu Teil neben der Telepathie die wir gerechter weise mit allen Tieren gleichzeitig gezeigt bekämen. Das brächte die Tierwelt wieder einen Schritt näher zu unserer Stufe der Entwicklung.

Deren Entwicklungsstand scheint unserem immer nur um ein oder zwei Evolutionsschritte hinterher zu hinken.

Wir dürfen keinen Schritt verpassen sonst sind wir es die hinken!

Uns übertreffen so ziemlich alle Tierarten um Längen wenn es um körperliche Eigenschaften wie Rennen, Schwimmen, Klettern, Sehen, Hören, Riechen und Fühlen also eigentlich alles geht wozu man Kraft, Ausdauer und Sinne benötigt. Der einzige Vorteil den wir noch haben ist unser Verstand und die Hände. Den Verstand beginnen viele Haustiere allerdings auch schon zu entwickeln. Ich habe schon mehrfach von Tierpsychologen gehört. Es ist auch hier nur noch ein kleiner Schritt zu uns wenn das Verhalten von Tieren schon auf menschlicher Ebene diagnostiziert und entsprechend behandelt wird. Aber auch Tiere verfügen über Gefühle und Regungen die wir von Menschen gewohnt sind und einer Beachtung würdig. Die Kluft wird enger und sprechende Tiere habe ich auch schon gesehen. Zwar nur wiederholtes aber die Fähigkeit besteht und es wird nur eine Frage der Zeit sein wann sich dieser Papagei einen eigenen Wortschatz zulegt um sich zu verständigen.

Vor noch größeren Schicksalsschlägen die der ganzen Welt schaden würde könnte uns eine Hinterlassenschaft aus vergangenen Epochen erretten. Wir müssten sie nur wiederentdecken um diese bereitgestellten Fähigkeiten zu einer Eigenschaft zu machen die uns Vorteile bringt und aus einer Notlage erretten kann.

Zu diesen Hinterlassenschaften gehört möglicherweise auch ein Gegenstand aus der Zeit der Azteken. Einer Zivilisation die schon vor den Majas lebte. Hierbei handelt es sich um einen detailgetreu-

en Kristallschädel von außergewöhnlicher Güte. Dessen Herstellung hätte bei dem derzeit archäologisch nachgewiesenem Entwicklungsstand der über steinerne Meißel nicht hinausging bei dem gleichzeitigem Einsatz aller Bewohner an 12 Stunden pro Tag länger gedauert als deren Bestand nachgewiesen wurde.
Zudem ist dieser Kristall fehlerfrei also Kristallklar ohne Lufteinschlüsse. In freier Natur kann solch ein Kristall normalerweise nicht entstehen. Schon gar nicht in dieser Größe. Er wurde eindeutig künstlich erzeugt und dann bearbeitet. Jetzt versuchen sie doch mal aus einem Stück Kristall einen Schädel zu meißeln der detailgetreu die Formen eines menschlichen Schädels samt Kiefer besitzt. Sie stünden vor einem Scherbenhaufen. Auf jeden Fall wenn sie mit einem Steinmeißel zu Gange wären.
Hier wurden eindeutig andere Werkzeuge benutzt. Dieser Gegenstand ist offensichtlich außerirdischer Herkunft und durch dessen Hilfe entstanden. Hierzu wurden sicher auch geeignete Werkzeuge zur Verfügung gestellt die eine Bearbeitung ermöglichten.
Dank dieser Technologie konnten die Azteken bestimmt auch im Bergbau erfolgreich vorgehen und sich ihre großen Goldbestände sichern von denen immer wieder zu hören ist. Das „Azteken Gold".
Da dort damals noch kein Geldverkehr existierte konnte man mit diesen Reichtümern natürlich nicht mehr anfangen als sich zu Schmücken. Es entstanden beeindruckende Bauwerke aus Gold.
Doch Gold ist ein weicher Werkstoff der den Einsatz bei physikali-

schen Belastungen begrenzte. Deshalb trat dessen Bedeutung eher in den Hintergrund. Der Soziale Status verhalf dem Besitzer natürlich zu vielen Annehmlichkeiten.
Doch diese Tendenz die das Gold bewirkte schuf gleichzeitig auch die Grundregeln des Geldverkehrs. Dessen Auswirkungen können wir noch heute in der Weltwirtschaft aber schon über lange Zeit beobachten. Hieraus entstammt sicher vieles was wir besser vergessen sollten um den Zeitplan nicht noch weiter negativ zu beeinflussen. Aber leichter gesagt als getan. So leicht nimmt man einem Kind auch nicht mehr den Lutscher weg wenn es erst einmal daran geleckt hat.
Die Azteken verschwanden, ich weiß nicht wie, bevor die Majas das Zepter an sich nahmen. Über die genauen Daten möchte ich mich nicht weiter kümmern. Aber ich bin mir sicher es passt in unseren Kalender der immerhin sechs Besuchstermine vorsieht bis ein neuer Zyklus beginnt. Das erklärt mir wenigstens ansatzweise die Existenz so vieler Hochkulturen in verschiedenen Zeiträumen.
Die fünf Besuche die der Abstand von 5200 Jahren mit sich bringt bis ein Zyklus von 26000 Jahren komplett ist und zwei Basis Besuche, von denen einer auf die Abfolge der Zeiträume passt. Macht sechs von denen bestimmt einige diesen Hochkulturen behilflich waren. Der Anfang dieses Zyklus war vor 26000 Jahren.
Der bei dem wir die Metallverarbeitung gezeigt bekamen lag zwar

nicht in dem Intervall von 5200 Jahren, ereignete sich aber auch zu der Schlüssel Konstellation bei der die beiden Rotationsebenen des Sonnensystems und der Milchstraße auf eine Ebene fallen. Er war vor 13000 Jahren, als die halbe Drehung der Rotationsebene um die Sonne abgeschlossen war. Eine eindeutige Sternenkonstellation die zur Einhaltung dieses Zeitplans genutzt wird. Andere Galaxien tragen mit Sicherheit auch einen solchen Kalender in ihren Sonnensystemen mit erdähnlichem Planeten. Der ist zwar genau auf die jeweiligen Größen der Sonnensysteme abgestimmt, datiert aber sicher das gleiche Ereignis. Eine Ausrichtung der Rotationsebene der Planeten mit der Rotationsebene der jeweiligen Galaxie. Diese Stellung lässt sich eindeutig erkennen selbst wenn man 10 Billiarden Sternensysteme in 200 Milliarden verschiedenen Galaxien unter ständiger Beobachtung hat.

Kombiniert mit anderen Hinterlassenschaften wie zum Beispiel den Konstruktionsplänen der Pyramiden und anderer Bauten aus Gizeh sind bestimmt notwendige Vorkehrungen zu erkennen die es uns zum Beispiel ermöglichen würden auftretenden Bedrohungen wie sich der Erde nähernden Asteroiden von Raumschiffen zu unterscheiden. Falls nötig könnte solch eine Vorrichtung sicher einen Asteroiden früh erkennen und von seiner Bahn zur Erde abbringen. Im Rahmen zur Vorbereitung solcher Maßnahmen haben Amerikaner laut Berichten schon solch eine Vorrichtung entworfen. Sie ist allerdings hauptsächlich für den Einsatz gegen Raumschiffe im Or-

bit der Erde geplant. Typisch, erst draufhauen und dann fragen.
Ich hoffe diese Waffe kommt so nie zum Einsatz.
Wenn wir nämlich den nächsten Besuch erhalten würden am 21.12.2012 sind bestimmt viele Militärs der Meinung das die vermeintliche Apokalypse bevorsteht und machen das sich der Erde nähernde Raumschiff für die zu erwartende Zerstörung verantwortlich da man es für einen Asteroiden hält.
Sie lösen mit diesem Verhalten aber ihre Zerstörung erst ein.
Man wüsste sich zu wehren. Und ein drittes Mal wäre nicht mit einer toleranteren Reaktion auf einen Angriff zu rechnen.
Die Ausmaße dieser Abschussvorrichtung stehen denen der Pyramiden von Gizeh in nichts nach.
Das führt mich zu der intuitiven Annahme das der fehlende Kopfstein der größten Pyramide nicht verloren gegangen ist sondern absichtlich fehlt. Hier könnte der ominöse Kristallschädel aus der Zeit der Azteken hingehören. Sein einwandfreier Kristall wäre ein perfekter Fokus zur Steuerung eines Energiestrahls. Allerdings wäre einer unnötigen Probe mit Vorsicht zu begegnen.
Wir würden eine Apparatur in Gang setzen deren Ausmaße große Zerstörung verursachen könnte.
Für diesen einzigen Einsatz hat man uns mittels Wettrüsten anscheinend schon auf die Probe gestellt. Wir müssten dann auch imstande sein mit solcher Zerstörungskraft Sinnvoll umzugehen

werden sich unsere Gönner gedacht haben.

Man müsste für dessen vorgesehenen Betrieb aber zuerst eine Bedienungsvorsichtung samt Anleitung vorfinden. Diese Apparatur würde ein Raumschiff der Entwickler natürlich sofort erkennen können und nicht bedrohen oder beschießen.

Bis dato haben ägyptische Behörden Ausgrabungen an, in und um diese Pyramiden und der Sphinx verhindert. Im Hinblick auf vorherige Vorgehensweisen bin ich mir aber sicher das wir rechtzeitig die richtigen Hinweise darauf bekommen werden.

Durch die politischen Umwälzungen in unserer Zeit hat sich an dieser Geheimhaltung sicher auch schon etwas geändert. Zumindest nach dem Fund der Malereien im Inneren der Pyramiden welche Glühbirnen darstellen. Das sich politische Veränderungen dort so nah an dem nächstem Besuchstermin ereignen halte ich auch nicht für zufällig auch weil diese Veränderungen längst überfällig waren.

Anscheinend stehen wir schon seit einiger Zeit wieder unter Beobachtung um sicher zu stellen das diese Vorrichtung während der Auseinandersetzungen nicht zerstört wird. Dieses Jahr habe ich schon über zwei Sichtungen von außerirdischen Fluggeräten in den Nachrichten gehört. Deren Seriosität ist aber immer fragwürdig da Bildaufnahmen sehr gut manipuliert werden können. Überrascht war ich jedoch über die Tatsche von solchen Dingen in den Nachrichten zu hören anstatt wie man es gewohnt ist in der Klatschpresse. Falls dieser Besuch sicher gehen kann nicht bedroht zu werden wird er uns bestimmt die nötigen Informationen zukommen lassen. Wir sollten diesen Zeichen die offensichtlich von außerirdischer Herkunft sind mehr und genauere Beachtung schenken.

Ich denke dabei hauptsächlich an Erscheinungen die als Kornkreise bekannt geworden sind.

Na klar solche Erscheinungen haben immer zu regionaler Attraktivität geführt und deshalb auch viele Nachahmer gefunden um zahlungskräftige Touristen anzulocken. Deshalb sind auch nach und nach immer mehr davon entstanden. Deren Herkunft war aber geständiger Weise meist menschlicher Natur. Wirklich bemerkenswert waren nur wenige Kornkreise.

Ich spiele dabei auf einen 1996 in Stonehenge entstandenen Kornkreis an. Diese Darstellung in Form von mehreren kombinierten Kornkreisen entstand unmittelbar neben den historisch bekannten Steinkreisen. Er wurde von einem vorbeifliegendem Piloten entdeckt der beim Rückflug über die gleiche Strecke 45 Minuten später an besagter Stelle dessen Bestehen feststellte. Er wurde also in weniger als 45 Minuten produziert. Fraglich ist allenfalls ob der Pilot auf dieser Strecke so genau auf den Erdboden geschaut hat. Ich bin mir aber sicher das dieser historische Steinkreis auch die Aufmerksamkeit eines Piloten erregt der dann gerne kurz seinen Blick auf den Erdboden mit den Steinkreisen richtet und dabei den Kornkreis daneben bemerkt. Die Richtigkeit seiner Angaben werde ich hier nicht in Frage stellen da ich mir der Seriosität von Piloten im allgemeinen sicher bin.

Die Gegend war derzeit weitgehend menschenleer wie berichtet wurde. Die geständigen Produzenten von anderen Kornkreisen dieser Größe berichteten über eine Erstellungszeit von mehreren Stunden über mehrere Nächte hinweg mit mehreren Beteiligten.

Damit die Kornhalme gebogen in ihre horizontale Position diese beibehalten müssen sie über längere Zeit, viel länger als 45 Minuten, zu Boden gedrückt werden. Zudem wurde festgestellt das die einzelnen Halme nicht nur geknickt waren wie bei den von Menschen gemachten sondern in einer Form gebogen waren die an natürliches Wachstum erinnerte. Diese gewachsene Biegung ist auch bei den allerersten Kornkreisen festgestellt worden als noch keiner auf eine Nachahmung zu Werbezwecken aus war.

Dabei dachte ich sofort an den Einfluss den das Bewusstsein auf Materie hatte. Es müsste mindestens die gesamten 45 Minuten gleichzeitig niedergedrückt worden sein falls das ausreichen würde und womöglich säuberlich gebogen ohne Knick, Halm für Halm.

Das war in dieser Zeit aber nicht möglich.

Dieser Kornkreis ist als „Julian Field Set“ bekannt. Das lies mich aufhorchen als ich von dessen auffälliger Nähe zu den historischen Steinkreisen hörte. Dieser Kornkreis sollte auf jeden Fall entdeckt werden. All die anderen Kornkreise waren in normalen Getreidefeldern versteckt und unter all den anderen von Menschen gemachten vergessen worden. Außerdem erschien dieser nach einer längeren Zeit ohne neue Kornkreise. Das Motiv dieses Kornkreises erinnerte mich auch spontan an meine Vorstellung über das Aussehen meiner Quanten-Kontinuum Theorie wenn man dieses Konstrukt von außen betrachten könnte.

Wir sollten wie gesagt solchen Erscheinungen mehr Aufmerksamkeit schenken. Besonders die eine Serie von Kornkreisentstehungen beginnenden Motive genauer untersuchen. Diese weisen übrigens auch immer die gewachsenen Biegungen der Halme auf wie man festgestellt hatte.

Einige von den mir zu Gesicht gekommenen Motiven ähneln verblüffend den Konstruktionsplänen von technischen Apparaturen.

Wir bekommen bestimmt auch noch andere verständlichere Botschaften. Wir sollten sie trotz aller Trittbrettfahrer aber immer mit Aufmerksamkeit betrachten.

Allerdings beginne ich mich bereits zu fragen wie viel Geduld diese Wesen noch mit uns haben.

Außerdem möchte ich trotz allem Optimismus vor der Tatsache warnen das der nächste Evolutionsschritt auch anderen Organismen zu Teil werden kann. Schließlich haben Tiere auch schon damit begonnen Verhaltensweisen der Menschen erfolgreich zu imitieren. Sie haben also ihre Bereitschaft zur Veränderung signalisiert indem sie ihre Fähigkeit demonstriert haben.

8. Kontrolle

Wie stellen Unsere Entwickler sicher das die Menschheit bereit für ihre Fähigkeiten ist?

Da fällt mir sofort etwas interessantes ins Auge das man von überall aus im Universum sehen können müsste. Mit dem man alles im Universum erreichen könnte wenn man sich damit fortbewegen könnte. Ich rede von Quasaren und Pulsaren. Diese Himmelskörper besitzen einen sehr massereichen Kern, sind allerdings kein Schwarzes Loch. Sie entstehen aus kollabierten Sternen nachdem diese zu einem roten Riesen geworden sind und in einer Supernova explodierten. Deren Restmasse bildet den Kern. Bei kleinen Sonnen wie unserer entstehen sog. „Weiße Zwerge". Ist die Sonne aber um das tausendfache größer entsteht ein Quasar oder Pulsar. Deren Kern hat ein sehr starkes Magnetfeld und rotiert mit hoher Geschwindigkeit. Dadurch entsteht sehr viel Energie die in zwei permanenten Energieauswürfen an den Polen als Gamma Emission entweicht.

Diese durch die Rotation pulsierenden Strahlungsquellen kann man als blinkende Sterne am Nachthimmel erkennen. Worin der unterschied zwischen Quasaren und Pulsaren besteht ist hier erst einmal belanglos. Beide verfügen über die gleiche Energiequelle für ihre Funktion.

Diese Objekte könnten den Wesen aus der Dimension in der kleinste Teilchen aus ihrer Welt ein Kontinuum samt Universum in der Dimension unter ihnen sind als eine Art Empfangsstation dienen. Die Einen empfangen die Reflexion der von den Anderen ausgesandten pulsierenden Strahlen aus allen Richtungen in diesem Universum im inneren eines Quarks eines Protons in einem Atom in deren Dimension.

Denkbar ist auch das die ständig unseren Planeten durchdringende Neutrino Strahlungen auch durch solche Objekte analysiert wird. Ähnlich der Röntgen Diagnose am Menschen.

Die Strahlenenergie nähme bei ihrer Durchdringung der Materie dessen Zustand auf wie ein Computerspeicher. Die Standorte der betreffenden Materie können dann mittels Zeitverlauf auf ihrer Flugbahn durch die Universen ermittelt werden.

Die einen könnten mittels der abgestrahlten Gamma Emissionen die in Quantenform transformierten Körper überall hin ins Universum befördern. Die anderen sind ein Sender-Empfänger. Es wird damit festgestellt ob irgendwo Fluktuationen in der Frequenz der Materie auftreten oder Auffälligkeiten im Neutrino Abbild eines erdähnlichem Planeten empfangen werden. Falls das eintritt wird ermittelt wo diese Störung ihren Ursprung hatte und entsprechend darauf reagiert. In jedem Fall spricht so etwas bei den Empfängern

klar dafür das sich hier weit entwickelte Lebensformen an Materie im Innersten zu schaffen machen! Kernreaktionen könnten dafür in Frage kommen diese Frequenz zu beeinflussen. Die treten zwar auch häufig bei stellaren Prozessen überall im Universum auf geben aber immer einen deutlichen Hinweis auf einen Energietransfer der ins Kontinuum des jeweiligem Universums geht.
Die Zerstörung von Quantenverbänden die durch Kollisionen von Protonen erzeugt wird bewirkt auch eine Freisetzung von Energie ins Kontinuum. Das bewirkt bestimmt auch einige Fluktuationen im Neutrino - Abbild. Zwar nur gering aber vergessen wir nicht unsere Größenvergleiche zu Beginn!
Werden diese geortet muss ein Entwicklerteam Ausmaß und Ursache feststellen um zu helfen falls diese Zivilisation droht sich auszurotten. Oder ihnen Möglichkeiten vorzuenthalten mit denen sie ihren Exodus herbeiführen könnten.
Natürlich sind Gamma Blitze für ihre Zerstörungskraft berüchtigt. Aber solch starke Gamma Blitze entstehen nur wenn eine Supernova zu einem Schwarzen Loch kollabiert anstatt zu einem Quasar oder Pulsar zu werden. Die Energie dieser Gamma Blitze stammt dabei aus der Materie die auf geringstes Volumen komprimiert wurde. Es verbleiben dann nur noch massive Bosonen in der Masse des Schwarzen Lochs. Alle übrigen Quanten, auch die Higgs Teilchen, entweichen jetzt als Energiejet an den Polen und enden sofern sie keinen anderen Himmelskörper treffen im Kontinuum und

reichern weiter dessen Energiekonzentration an.
Sollte so ein Gamma Blitz auf die Erde treffen wäre das Leben auf ihr mit Sicherheit vorbei.
Die Gamma Emissionen welche Quasaren und Pulsaren entspringen sind dagegen eher schadlos. Sie sind eine Art Universums weiter Kontrollpuls oder Transportweg. Dessen Strahlen sind allerdings keine uns bekannten Strahlungen sondern über Lichtgeschwindigkeit schnelle Quanten von überdimensionaler Herkunft. Jedenfalls ihre Struktur die es diesen Wesen ermöglicht sich im ausgesendeten Strahl mit jeder denkbaren Geschwindigkeit zu bewegen. Wenn nötig die Absolute um einen Zeitverlust zu eliminieren.
Der Strahl selber müsste nur einmal sein Ziel erreicht haben.
Das geht allerdings auch nur mit Lichtgeschwindigkeit und benötigt wahrscheinlich die gleiche Zeit wie ein Lichtstrahl bei uns. Aber nur für den 1.Weg um einen Strahlenkanal zu bilden in dem dann der Verkehr über jede Strecke ohne Zeitverlust ermöglicht wird. In beide Richtungen mit absoluter Geschwindigkeit um nicht unendlich als Maß für die Relation der Zeit zu nehmen.
Wir sind dann ja in einem Quantenvolumen in dem wir jederzeit an jedem Ort sein können. Es ist zwar nur ein dünner Strahl aber der ist gefüllt mit Photonen. Energie im Quantenzustand.
Diese Möglichkeit wurde übrigens auf der Erde unter Laborbedin-

gungen bereits festgestellt und ist als „Tunneln“ bezeichnet worden. Dabei gelingt es Informationen mit multipler Lichtgeschwindigkeit zu befördern. Nach Berechnungen von Mathematikern dieses Experiments erreicht das Signal das verschickt wird sein Ziel schon bevor es ausgesandt wurde. Das ist aber nur auf Quantenebene möglich da materielle Energie ja der Höchstgeschwindigkeit von Licht unterliegt ab der es in eine Energie auf Quantenebene transformiert. Dann ist es aber wahrscheinlich möglich schneller zu sein wenn man den Quantenübergang überlebt.

Da die Möglichkeit aber tatsächlich besteht werden Zivilisationen deren Entwicklung unserer schon um Milliarden von Jahren voraus ist das auch schon lange bemerkt haben und zu einer Transportmöglichkeit weiterentwickelt haben.

Unsere Erde ist verglichen mit dem Gesamtalter unseres Universums von 15 Mrd. Jahren mit 4 Mrd. Jahren noch ziemlich jung und die Menschheit ist auch erst in den letzten Tagen entstanden wenn man die zeitlichen Relationen bedenkt.

Diese unvorstellbaren Entfernungen zwischen Galaxien, aber auch zwischen Sternensystemen einer Galaxie, könnten ohne dieses Phänomen vielleicht nicht erfolgreich bewältigt werden.

Mit Ihm könnten Energiewesen die uns wie Wesen aus Licht erscheinen auf Quantenebene mit vielfacher Überlichtgeschwindigkeit an ihre Zielorte gelangen. Im Prinzip gelänge ein sofortiger Ortswechsel über jede denkbare Entfernung. Wahrscheinlich gelingt ihnen der Transport sogar bei negativem Zeitaufwand so das ihnen noch Zeit genug bleibt sich aus dem Quantenzustand wieder zu materialisieren und zu tarnen wenn sie eintreffen falls sie als materielle Wesen erscheinen wollen würden.

Die Besucher verfügen natürlich alle gleichermaßen über diese Techniken zur Fortbewegung von denen wir bis jetzt nur zu träumen wagen.

9. Religion

Religion erfüllt eine wichtige Aufgabe in diesem Prozess der Entwicklungen. Oder sollte ich dieses Kapitel lieber in der Mehrzahl beginnen, mit Religionen? Ich glaube nicht.

Bei all den Religionen die auf diesem Planeten derzeit noch praktiziert werden handelt es sich nämlich grundsätzlich um die gleichen Dogmen. Die verschiedenen Religionsarten sind alles nur Glaubensrichtungen nach denen sich die jeweiligen Gesellschaften richten. Mit dem grundsätzlich selbem Ziel in dessen Fokus immer die Verehrung des gleichen Gottes steht den sie als einzigen verehren. Alles was wir sehen und sind kann ja letztlich nur von einem Gott kommen sofern man sich auf diese monotheistischen Religionen bezieht. Es unterscheiden sich nur die Darstellungen vom Ablauf der Handlungen die zu unserem Dasein geführt haben.

Dem Schöpfungsmythos bei dem der eine Gott den alle Religionen aufgrund ihrer Differenzen einen anderen Namen gegeben haben. Der Erschaffung von Universum und unserer Welt die er mit Natur belebt und Lebewesen darauf ausgesetzt hat unter denen auch der Mensch gewesen ist.

Nach einigen Fehlentwicklungen sendete jener Gott seinen Sohn unter die Menschheit um all die Verhaltensweisen der Menschen zu berichtigen die er für seine Fehlentwicklungen hielt. Er hatte die Menschheit ja mit seiner Schöpfung mit all den schönen und begehrenswerten Dinge in Versuchung geführt und auch noch ihrem freien Willen überlassen. Natürlich unterscheiden sich auch die Vorstellungen über die Zielsetzungen nach welchen jener Gott gehandelt hat. Aber mit welchem Recht kann irgendeine Glaubensrichtung denn meinen sie wüsste was Gott denkt oder gedacht hat? Aus den Überlieferungen geht meist nur ein Konsens hervor der aber allen praktizierten Religionen gleichermaßen entspricht. Demnach spielt der Mensch mit seiner Seele die Hauptrolle in jeder der beschriebenen göttlichen Schöpfungen. Von denen es wie gesagt nur eine gegeben haben kann.

Auch um seinem Versprechen den Menschen gegenüber ihnen ihren freien Willen zu belassen wollte er uns dieses Mal anders überzeugen als er es vorher immer gemacht hatte wie man es zum Beispiel im alten Testament festgehalten hatte und schickte seinen Sohn um sie zu berichtigen. Verstehen Sie das nicht falsch. Er war es selbst der in Maria als heiliger Geist anwesend war. Natürlich nur im Moment der Befruchtung der Eizelle. Nach der ersten Zellteilung war der göttliche Chromosomensatz übergeben und konnte ohne weiteres zu tun zur Geburt gebracht werden. Das dauerte natürlich die üblichen 9 Monate und endete wie ich glaube an Weihnachten mit der Geburt des Messias.

Dieser Messias stirbt meines Wissens in allen Religionen einen Märtyrertod trotz seiner friedliebenden Botschaften die er verbreiten wollte. Er wiederaufersteht von den Toten und seine Gläubiger werden von Ihrer Sündenschuld erlöst damit ihre Seelen nicht verloren gehen. Er gibt sein Leben für die Unversehrtheit der unsterblichen Seelen die sich in der Schöpfung seines Vaters bei all seinen verlockenden Versuchungen vergriffen haben. Angefangen mit einem einfachem Apfel falls man sich auf die Paradiesvariante beruft. Es gibt natürlich feine Unterschiede auf die sich die einzelnen Religionen immer wieder berufen und damit leider zahlreiche Auseinandersetzungen provozieren.

Aber im Kern gleichen sie sich wieder alle Glaubensrichtungen.

Es gibt einen Himmel, eine Hölle und eine Welt dazwischen.

Bei allen Religionen tragen sie wie gesagt nur unterschiedliche Namen oder nennen andere Begebenheiten. Das kann nur eine Ursache haben. Propheten die in den meisten Religionen als Glaubensstifter gelten gab es an vielen verschiedenen Orten auf dem Globus zugleich. Je nach den Anforderungen welche die verschiedenen Gegenden aufwiesen entstanden auch verschiedene Regeln dieser Glaubensrichtungen. Als Christ nenne ich nur die 10 Gebote als Regel die mir aber eher als Richtlinie dienen denn als Verbote. Ausgenommen dem welche das töten betrifft und dem das es nur einen Gott gibt. Es gibt noch mehr Richtlinien aber die sind hier nicht das Thema. All diese Propheten erhielten zur gleichen Zeit die gleiche Prophezeiung von demselben einen Gott. Sie schrieben sie auch alle nieder. Aber wieder das gleiche mit verschiedenen Namen und abweichendem Wortlaut. Häufig auch mit territorialen Eigenheiten die oft zu Kriegen führten und noch heute weltweit für Unruhe sorgen. Das war bestimmt nicht damit beabsichtigt aber doch sicher als Variante im Topf der Möglichkeiten für unsere Entwicklung angedacht. Sollten wir es nicht schaffen uns über diese Unterschiede hinweg weiterzuentwickeln und diese zu beseitigen dann wären wir es in Gottes Augen wahrscheinlich nicht Wert eine noch höhere Stufe der Entwicklung zu erreichen als wir es jetzt tun. Ich sehe solche Schriftwerke wie die Bibel,der Koran, ich weiß nicht wie sie alle heißen eher als einen Wegweiser um schadlos seine Seele durch diesen verschlungenen Weg durchs Leben hin zu Gott zu finden ohne ständig bei ihm in Ungnade zu verfallen.

Es ist eine Art Anleitung zum Leben auf unserem Planeten der mir immer mehr wie ein Schlachtfeld zwischen Himmel und Hölle erscheint. Unsere Seelen werden hier im Ablauf der Leben ihrer Wirt Körper den größten Versuchungen ausgesetzt die es benötigt um festzustellen ob sie ausreichend entwickelt sind und befähigt sind um letzten Endes aufzusteigen und mit Höherem beauftragt werden zu können.

Auf diesem Schlachtfeld sind wir Beeinflussungen von beiden Seiten ausgesetzt und können uns dank unseres freiem Willens auch selber für eine der beiden Seiten entscheiden oder dagegen. Leider bestehen verschiedene Absichten hinter den Bemühungen dieser Beeinflussungen. Aber auf beiden Seiten geht es um das Verbleiben der Seele nach dem Tod ihrer Wirt Körper denen sie dann entweichen. Hierbei handelt es sich um das Endprodukt jedem Ablaufs einer Entwicklung von Lebensformen die eine Seele besitzen. Da dem Teufel eher destruktives Verhalten nachgesagt wird gehe ich von einem eher konstruktiven Einsatz unserer Seelen aus die bis zu Gott gelangen.

All diese Seelen die unterwegs sind zwischen den Dimensionen, auf der Erde oder ähnlichen Planeten, stellen eine Energieform dar. Es ist die Energieform der ich besagtes Bewusstsein zuspreche.

Es sind eine gewisse Anzahl von Energie-Quanten aus Higgs Bosonen die von Forschern der Teilchenbeschleuniger als Funke Gottes bezeichnet wurden da sie die Bauanleitung der Materie enthalten durch wessen Wirken erst Materie entsteht mit Masse und Schwerkraft wie wir sie kennen.

Lange hat sich dieses Teilchen einer genauen Betrachtung entzogen indem es den beschleunigten Teilchen in den Teilchenbeschleunigern vor ihrer Zerstörung entwich. Was mir als Hauptindiz für ein Bewusstsein dieser Energieform dient.

Durch den Verbund aller Quarks die durch das Higgs Boson zusammengehalten werden entsteht erst Gravitation in der Materie die, wie wir erfahren haben, ohne dieses Teilchen das Gegenteil bewirkt. Ein fehlen dieser Teilchen hätte genauso gut nur eine Befreiung von Gravitation erzeugen können. Aber wie bei fast allem was wir aus der in unserer Natur wirksamen Kräfte wissen gibt es nur Plus oder Minus, Heiß oder Kalt, Anziehend oder Abstoßend. Immer nur Pro oder Contra.

Die wenigen neutralen Zustände die bestehen entstanden erst nach dem Wirken dieser Kräfte und dienen der Stabilität unter den Kontrasten. Dazu zählt auch Gut und Böse sowie viele andere Gegensätze.

Aber wie kommen unsere Seelen an ihre Destination?

Auch hier gibt es je nach Religion verschiedene Darstellungsweisen. Im Großen und Ganzen gleichen sich aber wieder alle.

Nach dem Tod eines Menschen entweicht dessen unsterbliche Seele dem Körper um in einem der beiden Zustände zu verbleiben. Im Himmel oder in der Hölle oder einem der vielen anderen Bezeichnungen der vielen Religionen dafür. Die Seele ist zuvor im Gehirn kurz vor dessen Tod in diese Quantenform namens Seele transformiert worden. In dieser Form unterliegt diese Energie anderen Regeln als den meisten bekannten physikalischen.

Diese Seelen hatten Zeit Ihres Lebens die Möglichkeit sich für die Richtlinien einer der beiden Seiten zu entscheiden. Der Messias erlöste diese Seelen von einem Bestandteil den die anderen Seelen die zur anderen Seite tendierten über ihren Tod hinaus

beibehalten sollten. Worum kann es sich da nur handeln?
Die einen nennen es Schuld die anderen Sünde. Es lastet wohl schwer auf der Seele. Um diese Last zu entfernen muss man sich von den Gedanken die der Seele diese Last bescheren und im Bewusstsein als Energieanteil noch enthalten sind befreien. Sie erinnern sich, Gedankenenergie? Zur Steuerung von künstlichen Gliedmaßen und Computer-Schnittstellen?

Das ist die Energieform aus der auch unsere Bewusstsein bestehen. Natürlich erst nach einer hochkomplexen Umwandlung in unseren Gehirnen. Sie ist ohne Körper zur freien Seele geworden.
Doch auch hier gibt es Abstufungen in jeder Glaubensrichtung. Die eine Sorte entweicht dem Körper und steigt sofort ins Kontinuum auf. Hierbei wird es sich um aufgestiegene, erleuchtete oder heilige Seelen handeln. Wählen sie eine Definition die ihrem Glauben entspricht. Diese Seelen sind vom ewigen Kreislauf des Lebens befreit. Alle anderen Seelen müssen wieder in anderen Wirt Körpern erscheinen. Mit dessen Bewusstsein können sie in diesen Körpern ihre Seelen wieder ein Leben lang weiter formen.
Durch den Quantenzustand ihres Bewusstseins, der Seele, ist es ihr vor einer Reinkarnation, Wiedergeburt... , wählen sie eine Bezeichnung, möglich sich frei zu bewegen um einen neuen Wirt Körper zu erwählen und anzunehmen. Die Seele kann sich hierbei entweder für einen neugeborenen Körper ohne Seele oder einen

schon beseelten Körper entscheiden um die vorhandene Energiemenge zu ergänzen und zu perfektionieren.
Wie gesagt auch Tiere besitzen jedes eine Seele in die sie hinein wachsen können. In jedem Fall wird diese Seele noch benötigt.
Bis auch diese jene Stufe erreicht um ins Kontinuum aufsteigen zu können. Dort stehen diese Seelen über das Kontinuum in direktem Kontakt zu Gott oder welchen Namen sie verwenden möchten. Der befindet sich allerdings nicht in diesem Kontinuum. Durch den Quantenzustand der darin besteht kann Gott, diesen Namen habe ich dafür erwählt, aber zur gleichen Zeit mit jeder im Kontinuum angekommenen Seele Kontakt halten. Und Gott, dessen Existenz ich hier mal voraussetze, wird mit Sicherheit auch aus Energie in welcher Form auch immer bestehen.
In dieser Form kann er natürlich nur in seiner Dimension körperlich erscheinen. Aber durch seinen speziellen Aufbau aus Energie ist er dennoch gleichzeitig überall mit jeder anderen Energieform verbunden und hat so einen gewissen Einfluss auf dessen Zustand. Genauso wie mit jeder neu eintreffenden Seele auf die er geduldig wartet. Diese haben nämlich noch einen wichtigen Auftrag den sie nur in diesem Quantenzustand erfolgreich erledigen können. Sie können jetzt als Erschaffer tätig werden und neuem Leben auf einigen der 10.000.000.000.000 vermuteten erdähnlichen Planeten in anderen Sonnensystemen oder anderen möglichen Habitaten bei seiner Entstehung behilflich sein. Durch ihre unbegrenzte Mobilität

sind sie wie dafür geschaffen. Den übrigen Seelen stehen vielleicht noch mehrere Lebenszyklen auf der gleichen Erde bevor. Vielleicht wieder als Mensch oder als Tier in der gleichen Zeitlinie. Vielleicht aber auch zu irgendeiner anderen Zeit in zukünftiger Richtung oder sogar auf einem anderem Planeten in irgendeinem der vielen Sternensysteme in unserem Universum.

Falls wir es schaffen uns vor Gott soweit zu qualifizieren das er uns zu sich holt, in eine Dimension die der in welcher die aufgestiegenen Seelen erscheinen übergeordnet ist, dürften wir den Status eines Erzengels besitzen die auch einst als Entwickler und Erschaffer tätig waren. Durch ihre hervorragenden Erfolge haben sie besondere Aufmerksamkeit vor Gott erlangt. Wir wären dann bestimmt auch dazu berufen in anderen Kontinuen mit Universen darin ohne jedes Einzelbewusstsein jedweder Art darin für die Entstehung von solchen zu sorgen. Einen Anfang zu machen.

Ein Auftritt in der Vergangenheit ist jedoch eher unlogisch da der lineare Zeitverlauf auch nur in zukünftiger Richtung vorangeht.

Alles was bis dahin geschehen ist müsste rückgängig gemacht werden um die Vergangenheit wiederherzustellen. Ganz zu schweigen von biologischen Abläufen die sich auch nur in zukünftiger Richtung vollziehen und bei einer Veränderung der Vergangenheit vielleicht erst gar nicht entstünden.

Interessant finde ich aber die Vorstellungen des buddhistischen

Glaubens. Demnach müssen sich deren Seelen erst in Tierkörpern bewähren bevor sie einen Menschen beseelen können.
In diesen Zustand würden sie jedoch nach ihrem Tod als Mensch bei grobem Fehlverhalten gegenüber anderen Seelen, auch den in Tieren vorhandenen, wieder zurückfallen. Bei Ihnen gelten Kühe oder andere Tiere, ich weiß nicht welche noch alle, als heilig.
Die Hölle ist bei ihnen ein weiteres Leben als unheiliges Tier unter den Menschen. Das erklärt mir auch die Verehrung die diese Glaubensrichtung Tieren jeder Art auch Insekten, welche für sie eine weitere seelische Abstufung darstellen, zukommen lässt.
Sie vermuten die Seelen verstorbener Angehöriger unter ihnen und wollen diesen jedes weitere Leid ersparen.
Auch Tiere besitzen wie erwähnt von Geburt an eine Seele die deren Körpern bei ihrem Wachstum eine Form und dessen Aussehen gegeben haben. Den Seelen wird hier größtmöglicher Respekt gezollt.
Diese Energieform für die ich das Bewusstsein halte ist zu erstaunlichen Beeinflussungen der Materie imstande.
Tief gläubige Mönche sind angeblich Kraft ihrer Gedanken sogar dazu im Stande die Gravitation zu überwinden und heben tatsächlich vom Boden ab. Nicht durch springen, sie schweben in der Luft. Ich habe es mit eigenen Augen gesehen. Dennoch unglaublich und ich hoffe ich bin dabei nicht auf eine optische Täuschung hereingefallen. Lassen sie sich von meiner Meinung besser nicht zu weit

beeinflussen und bilden sich ihre eigene darüber. Ich fand es nur erwähnenswert in diesem Konsens. Sicher ist das wenn es zutrifft nur eine Vorstufe zur Erleuchtung mit welcher deren Seelen nach dessen Tod ins Nirwana (Himmel, ewige Jagdgründe,...) aufsteigen können um nicht mehr wiedergeboren werden zu müssen.
Den Seelen die das geschafft haben oder auf dem Weg dahin sind kommt aber noch von viel höherer Stelle Respekt entgegen.
Es ist Gott selbst der zur Errettung der Seelen die noch nicht diesen Weg eingeschlagen haben auf diesen zu verhelfen.
Dafür musste er allerdings in Menschengestalt auf Erden erscheinen und unter Qualen sterben um durch seine Auferstehung auch noch letzte Zweifler von seiner wahren Absicht zu überzeugen. Der Erlösung aller Seelen die an ihn glauben und ihm folgen. Nicht persönlich, bis auf die Apostel, sondern in dessen Lebensweise.
Durch seinen Tod ohne Schuld befreite er seitdem alle Seelen seiner Gläubiger von ihrer Sündenschuld damit diese nicht verloren gehen. Ein Verlust entspräche einem Wiedereintritt in ein Kontinuum unter uns aus dem sie vorher durch eine besondere Bewusstseinsentwicklung entkommen sind. Diese verlorenen Seelen müssten alles noch einmal durchqueren.

Diese Seelen gingen dann auch wieder in die Gesamtmasse zurück aus der dieses Universum dieser Dimension immer wieder neu entsteht. Diese Seele müsste wieder von vorn anfangen in dieser Dimension dessen Kontinuum einem Elementarteilchen in unserer Welt entspricht.

Das bringt mich wieder auf meine Vermutung das der Energiematrix des Bewusstseins ein Bestandteil entnommen werden kann der schwerer ist als die anderen Teilchen aus der Bewusstseinsenergie in Quantenform besteht. Es kann sich nur um Bosonen handeln da Bewusstseinsenergie auch aus einer Variante dieser Energie -Quanten besteht. Bosonen existieren in zwei verschiedenen Varianten soweit mir bekannt ist.

Bei der Transformation von Materie bei -273,15°entstehen nur Bosonen. Missverstehen sie auch das nicht, ich war bei diesem Experiment bei dem diese Tatsache festgestellt wurde nicht dabei und kann mich deshalb auch nicht für die Schlussfolgerungen daraus verbürgen. Aber das gilt bei fast allem von dem berichtet wird und man muss eine gewisse Portion an Vertrauen mitbringen wenn man den Absichten der Forscher glauben will.

Hier sind allerdings beide Varianten der Bosonen noch gemeinsam vorhanden und enthalten die Energie aller zum Aufbau eines Elementarteilchens erforderlichen Quanten.

Bei der letzten Phase der Transformation trennen sich diese zwei Bosonen Varianten dann voneinander.

Die Variante die noch nennenswerte Masse besitzt bleibt hierbei vermutlich in Bodennähe zurück. Da es seiner Gravitation folgt wirkt es eher flüssig. Die andere Variante wird in ein -273,15°C kaltes Plasma transformiert. Darin sind nur noch Higgs Bosonen enthalten. Wahrscheinlich sieht man dieses Plasma nicht da diese Bosonen Variante kaum Nennenswerte Masse enthält und kaum mit anderen Energiearten, wie z.B. Licht, interagiert. Dessen Wellen können an fast nichts reflektiert werden, müssten aber dennoch auf irgendeine Art registriert werden können. Es ist ja eine Energieform die nicht Spurlos existieren kann. Für deren Nachweis müsste man aber erst einmal die benötigte Temperatur erreichen die wie gesagt auf Erden kaum erzeugt werden kann. Falls doch würde ein Messverfahren irgendeiner Art wieder für eine Temperaturerhöhung sorgen und das korrekte Ergebnis verhindern. Dieses Plasma entsteht ja erst nachdem der absolute Nullpunkt der Temperatur erreicht worden ist.

Die schwerere Bosonen Art konnte der Energieform Seele nur nachträglich beigefügt worden sein im Laufe der Lebenszeiträume die diese Seele schon durchleben musste. Da diese Bosonen auch nur bei -273.15°C entstehen ist ein natürliches auftreten im Körper eher unwahrscheinlich. Sie können also allenfalls künstlich nachträglich in den Quantenmix namens Seele beigefügt worden sein. Fragen sie mich nicht wie aber sie können dann auch nachträglich durch geeignete Veränderungen wieder entfernt werden.

Dieser Umstand ermöglicht es auch den noch nicht aufgestiegenen erlösten Seelen zuletzt noch bis ans Ziel zu gelangen.

Die anderen noch mit schweren Bosonen belasteten Seelen werden beim Übergang der Galaxien zur Lichtgeschwindigkeit, wie im Kapitel Transformation beschrieben, in die Singularitäten im Zentrum ihrer Galaxien gezogen. Sie werden nicht transformiert um unendliches Volumen zu erlangen um in der Dimension über uns erscheinen zu können. Sie entfernen sich in diesem Schwarzem Loch mit Überlichtgeschwindigkeit von jenem Ort. Die durch die Transformation veränderte Materie der Galaxie erscheint mitsamt all den noch in der Galaxie enthaltenen Seelen vor Gottes Antlitz.

Das jüngste Gericht, dessen Gerichtssaal sich in einer unendlich großen Dimension befinden muss findet hier statt.

Sie wissen noch wie groß unendlich sein müsste?

Die vorher zu unendlichem Volumen transformierte Materie erscheint hier wie die normale Größe in unserer Dimension. Alles dort hätte sich gleichermaßen vergrößert.

Dieser Raum hätte deshalb auch ein unbegrenztes Volumen. Es wären sicher viele verschiedene Einzelwesen vorhanden. Von jedem in Frage kommendem erdähnlichen Planeten die dominierende Rasse. Auch das ist in allen Glaubensrichtungen enthalten. Natürlich jede mit seiner eigenen Bezeichnung für dieses Ereignis. Religion hat also hier also die Aufgabe uns auf den bevorstehenden Werdegang unserer Seelen vorzubereiten. Und alle Wege führen zu diesem einen Ziel. Der Mensch erscheint hierbei natürlich wie ein Gebrauchsgegenstand zur Bewirtung von Seelen.

Aber schauen Sie sich doch an was Gott uns und allen anderen beseelten Lebensformen dafür als Gegenleistung zur Bewältigung eines Lebenszyklus angeboten hat.

Eine an Schönheit kaum zu übertreffende Vielfalt an Pflanzen und Tieren die wir uns dank unserer Entwicklung alle zu Nutze machen konnten. Einen Planeten der über ein feinst aufeinander abgewogenes Ökosystem verfügt. Es kommt zu fantastischen Symbiosen an vielen Stellen in Flora und Fauna. Die Tierwelt arrangiert sich offenbar perfekt mit den gegebenen Voraussetzungen die uns auch geschaffen wurden. Nur versucht die Tierwelt nicht diese so entscheidend zu beeinflussen wie die Menschheit es schon lange tut. Obwohl uns mit unseren hochqualifizierten Gehirnen die Tragweite unseres Handelns von vornherein hätte klar gewesen sein müssen. Der Tierwelt mutet man diese Form von Intelligenz zwar nicht zu aber auch sie ist dazu imstande ihre Umwelt nachhaltig zu verändern. Worauf sie aber offensichtlich mit gutem Grund verzichtet. Schauen Sie sich nur die gigantischen Tierwanderungen an die Tierherden fast aller Arten jedes Jahr aufs neue unternehmen um an ausreichend Futter zu kommen oder Nistmöglichkeiten vorzufinden. Die von ihnen verursachten Veränderungen die nicht ausbleiben werden von der Natur immer wieder vollständig regeneriert. Durch deren Ausscheidungen die nicht ausbleiben können wirken diese Veränderungen aber eher produktiv bei dem erneuten

Wachstum der Natur da sie ein guter Dünger sind.

Jetzt schicken sie doch nur 1 Mal genau so viele Menschen zu Fuß auf diese Reise die jedes Jahr von Tierherden vollbracht werden. Ich bin mir sicher das man danach die beschrittene Natur nicht mehr wiedererkennen wird. Eine Regeneration wird wohl mehrere Jahre dauern wenn die Natur nicht durch unsere Abfälle, außer den natürlichen Ausscheidungen die bestimmt auch einen Dünger darstellen, irreparabel verseucht ist. Die Qualität des Düngers der von uns zurückgelassen wird ist zudem eine fragliche da wir uns anders als alle wild lebenden Tiere von vielen unnatürlichen Dingen ernähren. Wenn sich nicht alle auf diese Reise gegangenen Menschen vegetarisch oder vegan ernähren würden wäre dieser Dung eher kontraproduktiv. Die durch Fleischkonsum entstandenen Abfälle wirken fast alle toxisch also giftig für Pflanzen. Herdentiere ernähren sich fast alle, bis auf Raubtiere, vegan nach ihrer Stillzeit bei der sie Muttermilch trinken. Dann fressen diese Tierherden ausschließlich das was auf ihrem Weg zu ihren Füßen wächst. Der Dünger der dadurch bei der Verdauung entsteht enthält logischer Weise dann auch nur die Stoffe aus denen die verzehrten Pflanzen bestanden. Abzuglich einiger Stoffe die bei der Verdauung entnommen wurden wird also das komplette Substrat dieser Pflanzen also wieder in Form dieses Dungers bereitgestellt. Was meinen Sie woraus ein Pflanzenkeim schneller und besser wieder eine Kopie seiner Ursprünglichen Form herstellen kann. Mit einem durch extra

regional bezogenem Substrat aus fremden Pflanzen und anderen Lebewesen und fremden Stoffen oder mit diesem Herdendung der dort anfällt wo die verspeisten Pflanzen wachsen? Natürlich letzteres. Hier und wahrscheinlich bei jeder anderen Tierart ausser Raubtieren hat sich diese Symbiose ergeben die es jedes Jahr auf ein neues ermöglicht so eine Wanderung zu unternehmen. Die Tierwelt passt sehr genau auf was sie da anstellt.
Die heutige Tierwelt jedenfalls. Dinosaurier die vor 200.000.000 Jahren gelebt haben und für eine fast halb so lange Zeit auf der Erde dominierten taten das leider nicht. Ihre Menge und Ausmaße benötigten derart viel Nahrung das die Natur nicht Lange imstande gewesen wäre diese alle gleichermaßen zu sättigen. Deren Existenz behinderte aber die Weiterentwicklung anderer Tierarten wie auch der Entstehung der Menschen welche ja eigentlich vorgesehen waren für die Erde. Diesen Besuch bei dem diese Unordnung behoben werden sollte konnten sich die Erschaffer sparen und schickten einen mehrere Kilometer großen Asteroiden in Richtung Erde. Durch dessen Einschlag auf der Erde starben fast alle Dinosaurier aus. Anders hätten sie es wahrscheinlich auch nicht bewerkstelligen können in so „kurzer“ Zeit. Es dauerte nämlich wieder viele,viele Jahre bis die Säugetiere sich danach ungestört entwickeln konnten. Auch der Mensch konnte entstehen. Leider hat das auch sehr viel Zeit benötigt wäre aber unter den Dinosauriern wohl

nie passiert. Wäre der Asteroideneinschlag damals ein Zufall gewesen hätte sich dieses Ereignis statistisch gesehen schon mehrere Male wiederholen müssen. Selbst wenn es doch immer wie ein Zufall erscheint das ein Meteorit die Erde trifft ist dessen Einschlag und die daraus resultierenden Veränderungen dennoch ein von Gott tolerierter Eingriff der Energie und verfolgt gewisse Absichten.

Allein wie die Funktion unseres Erdmagnetfeldes aufrecht erhalten wird erstaunt mich auf das Äußerste.

Nicht durch das Vorhandensein von magnetischem Erz an den Polen, wie ich vorher vermutete, wird das Magnetfeld erzeugt. Es wird durch die Rotation des Erdkerns, der in festem Zustand aus Metall innerhalb eines Geflechts aus Säulen von flüssigen Metallen dreht, erzeugt. Aufgrund der hohen Drücke im Erdinneren ist der Kern trotz der hohen Temperaturen nicht flüssig. Der feste Kern aus Metall induziert durch Induktion große Spannungen die dann das Magnetfeld erzeugen. Ich war erstaunt. Hatten wir doch noch vor dieser Erkenntnis gleiche Prozeduren entwickelt um manuell Strom in Dynamos zu erzeugen.

Es ist offensichtlich auch geschaffen worden. Oder es hat sich selbst in dieser Form angeordnet was ich bisher für unmöglich hielt. Aber in einem Versuch unter Laborbedingungen bei denen sich ein fester Kern in der Mitte einer rotierenden Wassermenge drehte wurde eine dickflüssige farbige Substanz zugegeben. Nach einiger Zeit formierte sich diese farbige Substanz, ähnlich wie die

Säulen aus flüssigem Metall um den Erdkern, um den drehenden Kern im Wasser. Es ist offenbar eine Eigenschaft die rotierende Flüssigkeiten mit sich bringen.
Man kann das natürlich auch als Zufall betrachten. Aber alle Zufälle sind gewollte Auswirkungen die benutzt werden und wurden gezielt einkalkuliert beim Entwurf dieser Planeten.
Das ist eine Entwicklung die sich vermutlich in jedem erdähnlichem Planeten abgespielt hat um ein Magnetfeld zu erzeugen das imstande war die lebensfeindlichen Strahlungen des Zentralgestirns abzuleiten um so das Leben zu ermöglichen.
Diese Tatsache hat mich letztendlich zu der Überzeugung gebracht das die Erde erschaffen wurde oder alles so arrangiert worden ist das sich diese Situationen ergeben unter denen sie entstand.
Sicher muss der Erdkern ein gewisses Eigenmagnetfeld besitzen um eine Spannung durch dessen Rotation zu erzeugen. Aber die ist alleine zu schwach und zu weit entfernt (10000Km unter der Erdoberfläche) um einen weltumspannenden magnetischen Schutzschild zu bilden ohne den die Entstehung des Lebens nicht denkbar war.
Viele andere Umstände kommen hinzu ohne die das Leben nie möglich gewesen wäre. Die Ozonschicht ohne die organische Materie unter dem ultravioletten Bombardement der Sonne verbrennt. Die Mondentstehung ohne den die Erde unkontrolliert um seine

Rotationsachse taumeln würde und es jedes Jahr unterschiedliche Klimazonen gäbe die chaotische Wetterbedingungen weltweit verursachen würden. Ein perfekter Sonnenabstand und Neigungswinkel der Erdachse der uns 4 komfortable Jahreszeiten beschert an die wir uns leicht gewöhnen konnten, um nur ein Paar zu nennen. Es gibt noch viele andere wunderbare Voraussetzungen aber das sprengt den Rahmen.
Was wir bis jetzt aus dieser Welt gemacht haben unterlag von Anfang an unserem freiem Willen. Wir hatten einst das Paradies.
Nun schauen sie sich doch mal um. Das wollten wir anscheinend nicht anders oder wussten nichts besseres damit anzufangen.
So muss auch Gott doch das ganze erkennen. Und das wird auch der Grund sein warum Gott bei unserer Entwicklung diesbezüglich nicht mehr eingreift. Er meint es gefällt uns so!
Mit der Natur hat er uns nicht nur die besten Bedingungen für unser Leben geschaffen sondern auch einen Reichtum an vielen kleinen und großen Geschenken gemacht die wir an der Natur so schätzen. Es wäre schön wenn sich alle dessen bewusst wären wie beispielsweise die Buddhisten, Hindu und viele Naturvölker das wir alle Zeiten unseres Seelenlebens immer wieder auf der gleichen Erde erscheinen müssen bis wir diesem Kreislauf des Lebens entsteigen können ohne immer wieder eine Lebenszeit auf Erden verbringen zu müssen. Sie verehren die Natur gleichermaßen wie sie die Tiere, die hier mit ihnen leben müssen, ehren. Sie, um es so

auszudrücken, wühlen nicht gerne im eigenem Mist.
Da wir aber hoffentlich immer noch eine Sonderstellung in den Augen Gottes haben lässt er uns dadurch vielleicht doch nicht umkommen.
Unsere Bedürfnisse und Vorlieben dürften zumindest in die gleiche Richtung gehen. Nicht ohne Grund besitzen wir sein äußeres Erscheinungsbild und damit anscheinend auch seine Vorlieben und Bedürfnisse. Die Erde hat er genau so werden lassen wie es ihm am besten gefiel. Vermutlich damit sich unsere besten Eigenschaften optimal entwickeln konnten. Da wir ihm sehr zu ähneln scheinen wird es sich auch um Eigenschaften handeln über die er auch verfügt und die er schätzt. Leider haben sich unter der Menschheit auch Eigenschaften entwickelt die mir weniger göttlich erscheinen.
Ich will hier nicht zu weit gehen aber wegen einigen Fehlentwicklungen die er für untragbar hielt ist er schon auf der Erde erschienen um sie zu berichtigen. Wir sollten uns langsam am Riemen reißen wenn es um solche Verhaltensweisen geht die wir dauerhaft praktizieren möchten also zur Eigenschaft werden lassen wollen.
Verstehen Sie mich bitte nicht falsch. Es liegt mir fern Sie zu irgendeiner Glaubensrichtung zu bekehren. Aber mir persönlich jedenfalls kommt es so vor das mein Glaube allmählich von einem Wissen ersetzt wird. Nicht komplett, die Wege Gottes sind wie wir alle ahnen unergründlich. Aber wenn auch nur ein Teil der in den

Religionen veröffentlichten Dogmen nachweislich ist, können wir nicht mehr von Glauben sprechen denn wir meinen Wissen.
Wenn wir dabei aber von Wissen reden können wir nicht mehr so tun als hätten wir die Wahl an das eine oder andere zu Glauben.
Wir wissen auch ziemlich genau was wie da tun wenn wir die Natur zerstören oder ganze Völker ausrotten. Es ist eine nur bequeme Art sich aus der Affäre zu ziehen. Die letzten Worte meines Erlösers „ vergib ihnen denn sie wissen nicht was sie tun“ treffen schon lange nicht mehr zu. Und wenn es tatsächlich alles auf ein Ende zuläuft, weswegen auch immer die Menschheit sich auslöscht, sollten wir uns nicht vor der Möglichkeit eines jüngsten Gerichts scheuen bei dem wir uns für all das vor Gott rechtfertigen müssen was wir getan haben. Wir sollten zumindest eine gute Erklärung parat haben oder anfangen unseren Lebensstil zu ändern falls das noch genügt. Aber Gott ist gnädig und hat uns schon oft vergeben. Allerdings befürchte ich das er einen Mord oder ähnlich heftige Vergehen nicht vergeben wird, auch nicht wenn der Messias sich dafür bei Gott bemüht da er ja allen die an ihn glaubten ihre Sünden vergeben wollte.
Gott hält immer das Heft in der Hand!

10. Ergebnisse

Mein Resultat würden sie jetzt sicher auch gerne noch erfahren.
Dieser Ablauf einer sich immer wiederholenden Reorganisation von unvorstellbaren Energiemengen die Anfangs noch ohne Form und Funktion waren endet vermutlich in einer Dimension von der wir von unserem Standpunkt aus nur die Oberfläche einer Struktur erkennen können die diese Energie in jener Dimension als Materie erscheinen lässt.
Diese Dimension ist kein anderer Raum sondern der Raum in dem diese Materie sich befindet. Sie existiert nur nur in einem anderem Größenverhältnis. In dieser Dimension wäre alle Materie von alten Bosonen und damit fast gänzlich von Gravitation befreit.
Es gäbe natürlich auch hier eine Sorte von elementaren Quarks die einen Verbund unter den übrigen Quanten herstellen um eine Form zu ermöglichen. Es wäre aber die Sorte Quarks von der auch unsere Higgs Bosonen sind also auch fast frei von Masse.
Aus Ihnen besteht auch die Bewusstseins Energie aus dieser Dimension. Es sind dort bestimmt viele verschiedene Wesen vorhanden die mit ihrem Bewusstsein diese Energie bereitzustellen in der Lage sind und das auch gerne tun.
Das Leben wäre dort bestimmt angenehm leichtgängig als würde man sich unter Wasser bewegen aber ohne den Widerstand den

Wasser uns hier in unserer Dimension bietet.
Der Energiebedarf wäre auf einem Minimum angekommen und entspräche damit der Tendenz der Energie sich zu Erhalten bei fast allen Reaktionen und falls doch ein Verbrauch entsteht diesen so gering wie möglich zu halten. Selbsterhaltungstrieb kann man das auch nennen. Ein bewusstes Handeln zum Erhalt seiner selbst. Sogar dieses subjektive Verhalten lässt sich erkennen.
Wir müssen einsehen das alles was ist aus dieser Energie besteht die sich seiner bewusst ist und auf alles was mit ihr geschieht Einfluss hat und auch nimmt sobald es ihr notwendig erscheint.
Diesen Zweck erfüllt unsere Materie in unserer Dimension genauso Jedoch ist diese Energie garantiert der angestrebten Richtung auf dem Weg zu Gott entgegengesetzt oder noch nicht ausgerichtet darauf. Diese Materie enthält in jedem Teilchen ein Kontinuum der uns untergeordneten Dimension.
Energie aus dieser Dimension müsste erst eine gewisse Qualität erlangen um einen Dimensionen Wechsel in unsere zu bewältigen. Von dort besteht auch eine gewisse Verbindung zu uns. Die einzugehen wird aber nur Wesen gelingen die durch eine besondere Bewusstseinsveränderung diese nötige Qualität ihrer Bewusstseins-Energie erreicht haben.
Aber auch diese Seite wird von einigen Individuen bewusst gewählt. Den freien Willen uns dafür oder dagegen zu entscheiden haben wir schon früh von höchster Stelle zugesprochen bekom-

men. Die Verbindung zur Gegenseite wäre sicher am anderen Ende der Skala der Bewegung zu suchen. Beim Gegenteil vom Schnellstem. Beim Stillstand aller Dinge. Bei -273,15°C, dem Stillstand aller Atome. Hier könnte eine Verbindung etabliert werden. Aber lebendig könnten wir diese in unseren Körpern nicht eingehen. Wogegen eine Transformation bei Lichtgeschwindigkeit wahrscheinlich zu erleben wäre falls der Quantenübergang beim Zeitstillstand ohne Schaden bewältigt werden könnte. Beide Zustände wurden aber auf Erden noch nicht erzeugt und es wäre fahrlässig sein Leben dabei zu riskieren um in einen dieser Zustände zu kommen. Zudem rate ich zur Vorsicht mit irgendeinem Gegenstand willkürlich die Lichtgeschwindigkeit zu übertreffen falls es denn doch gelingt. Da bei Lichtgeschwindigkeit Materie beginnt sich in Energie zu Transformieren dürften unvorstellbar große Mengen davon frei werden. Wenn man bedenkt das bei einer Atombombenexplosion nur die Masse weniger Neutronen in Energie verwandelt wird die dann sie bekannten Auswirkungen hat kann man sich ungefähr ausmalen wie sich das freiwerden der Energie von ganzen Gegenständen auswirkt die aus ungleich mehr Masse bestehen als ein Paar Neutronen.

Eine Kommunikation scheint aber auf diesem erstarrtem Weg bei 0° Kelvin möglich zu sein. Natürlich nur auf Quantenebene da andere Energieformen keinen Dimensionen Wechsel bewältigen.

Es sei denn sie werden vorher transformiert. Was mir die berichteten Kälteerscheinungen bei solchen angeblichen Kontakten erklären würde.

Über Grund und Zweck lässt sich natürlich streiten. Aber diese Kette von Dimensionen beschreibt doch klar die Richtung in der die Energie ihr Ziel anstrebt. Egal welche Stufe der Entwicklung diese Energie auch immer erreicht hat.

Dieses gigantische Konstrukt scheint aber auch die Funktion eines Energiekonverters zu erfüllen.

Wenn man Energie in seiner Urform, wie diese auch aussieht, am Anfang also in der kleinsten Dimension hinzufügt könnte man sie am großen Ende aller Dimensionen als komplexe bewusst gewordene Energie entnehmen um sie für die benötigten Zwecke einzusetzen. Welche die erste oder die letzte Dimension ist fraglich. Aber Gott dürfte am Ende unserer Reihe stehen wenn man nicht noch eine höhere Stufe der Perfektion der Energie anstreben wollte in einer Dimension die noch über Gottes ist in der diese Energie ankäme. Sie wäre dann die Bewusstseinsenergie Gottes falls dieser dann doch irgendwann einmal stirbt abgibt. Das würde sich aber nur dann rechnen wenn es mehrere Götter gäbe und ein Wesen über diesen stünde. Wie gesagt schließe ich diese Möglichkeit aber aufgrund der wenigen Gebote die mir wirklich wichtig sind aus. Es gibt nur einen Gott! Dieser steht aber in jeder Dimension am Eingang der nächsthöheren Dimension und jede untergeordnete Dimension würde ein Wesen in der übergeordneten Dimension anbeten und als Gott verehren. Ob unter der Dimension unter uns noch eine weitere Dimension besteht kann nur spekuliert werden.

Theoretisch geht diese Reihe aber unendlich weiter und verschwindet im Nichts da die Größenordnungen mit jeder Dimension unendlich schrumpfen. Aber da jede Daseinsform wie klein sie auch ist aus Materie besteht kann sich in dieser immer wieder das gleiche abspielen. Jetzt erkennen Sie vielleicht die Ausmaße dieser Kette von Dimensionen die auf beiden Seiten ins unendliche verläuft.

Aber wir bewegen uns auf dünnem Eis und neben dem Beweis für all diese Behauptungen fehlt uns jede Einsicht für diese Aufwendung der Energie die offensichtlich keinen Sinn haben. Trotzdem entsteht in jeder dieser Dimensionen eine riesige Menge an Bewusstseinsenergie wenn man in jeder Dimension eine Entwicklung wie in der unseren voraussetzt. Jeder Gedanke in den Gehirnen der dort nach diesem Masterplan entstandenen Lebensformen produziert eine gewisse Portion dieser Energie. Durch positive Gedanken reichere ich also meine Menge an dieser Bewusstseinsenergie weiter an. Positive Gedanken erzeugen in der Regel auch immer positive Gefühle. Was für eine herrliche Symbiose die unser Bewusstsein da mit der Energie eingeht. Die Seele erhält also dabei immer mehr Power und die guten Gefühle lassen uns bereitwillig damit fortfahren.

Bis die Seele dann letztlich ein Level erreicht hat der ihr einen Dimensionswechsel ermöglicht. Sie kann „aufsteigen" um es so zu nennen. Die vielen Glaubensrichtungen haben natürlich jede seine spezielle Bezeichnung dafür aber es handelt sich um den gleichen Vorgang mit dem gleichen Ziel. Jedes Gebet enthält in der Regel positive Gedanken egal in welcher Religion und ist an deren einzigen Gott gerichtet. Das es immer der selbe eine Gott ist spielt keine Rolle mehr. Die positiven Gedanken die an ihn gerichtet sind erzeugen alle diese positive Energie. Natürlich gibt es hier auch wieder zwei Richtungen wie bei allem in der Natur und schlechte Gedanken erzeugen damit negative Energie dieser Art.

Die Größenverhältnisse zwischen diesen Entwicklungsstufen in der diese Energie erscheint ist wohl am deutlichsten wenn man bedenkt welches Volumen Energie hier in fester Materie, einer Zwischenstufe, annimmt. Nimmt man einen Apfel und legt ihn in die Mitte eines Fußball Stadions so würden ihn, wäre der Apfel ein Proton, seine Elektronen an den Außenwänden des Stadions umkreisen. Dazwischen wäre freier Raum. Betrachtet man jetzt die Größe des Protons der nur ein kleiner Teil des Atomkerns ist und macht sich bewusst das dieses Proton aus 25 verschiedenen Quarks besteht so ist darin sicher von einer ähnlichen Raumverteilung auszugehen.

Dieser Verbund an Quanten nähme natürlich einen noch viel größeren Raum ein als dessen Masse benötigt wenn sie das Endstadium ihrer Ausdehnung in seinem Kontinuum erreicht hat.

Ähnlich viel Raum wird unser Universum in unserem Kontinuum auch einnehmen. Das lässt darauf schließen das diese Massen auch ständig in Bewegung sein müssen.

Sie Pulsieren in der beschriebenen Frequenz die in unserer Dimension unendlich hoch wäre und wie gesagt sicher noch lange unerkannt bleibt.

Diese Energie ist aber immer miteinander verbunden und hat immer Einfluss auf dessen Bewusstsein über alle Dimensionen. Das Bewusstsein haben wir ja auch schon den Energieformen zugeordnet das dadurch das es in einem Quantenzustand ist mit der Gesamtenergie interagieren kann.

Und wie wir feststellen konnten besitzt Materie, Energie in fester Form, auch ein Bewusstsein.

Diese Energie ist uns allgegenwärtig und ständig aktiv und an dessen Einsatz für den gesamten Ablauf seiner Entwicklung interessiert.

Der Zweck heiligt wohl auch hier die Dinge mit denen diese Energie den kürzesten Weg zum Ziel nimmt.

Viele Wunder haben bestimmt hierdurch ihren Antrieb erhalten.

Eine Gesamtmenge an Energie zu erhalten die mehr und mehr einzelne Bestandteile perfektioniert und der Zielmenge wieder in einer Dimension zuführt in der kaum noch Energie benötigt wird um Din-

ge zu bewegen oder damit etwas zu bewirken scheint das Ziel dieser Bemühungen der Energie in unserem Universum.
Die Methode aus vielen einzelnen Einheiten ein Gemeinwesen zu bilden findet auch hier seine praktische Anwendung.
Die Tendenz hierzu lässt sich auch in unserer Biologie im Kleinen wie im Großen erkennen. Im Zellverband genauso wie im Insektenvolk. Natürlich auch bei vielen anderen Möglichkeiten bei denen es hilfreich für die Weiterentwicklung ist. Wie auch in Insektenvölkern, Tierherden oder anderen Ansammlungen und allen Gesellschaften unter Menschen.
Je mehr Gemeinsamkeiten wir in solchen Dingen feststellen umso deutlicher wird doch das alles die gleiche Handschrift trägt. Wenn aber der Mensch das geliebte Produkt Gottes Schöpfung ist dann ist doch alles was er dabei geschaffen hat auf uns Maßgeschneidert worden und jede willkürliche Veränderung daran hat ein Ungleichgewicht im Zusammenspiel all seiner darin enthaltenen Komponenten zur Folge. Negative Auswirkungen dadurch brauche ich ihnen hier nicht aufzuzählen. Wir brauchen nur die Nachrichten zu verfolgen die uns die Medien bieten.
„Am Boden des Bechers der Erkenntnis steht immer die Handschrift Gottes“ um mal einen Wissenschaftler zu zitieren. Ich kann leider keine Namen nennen aber dieser Spruch zeugt mir von beeidruckender Einsicht.
Wenn man sich eingehend damit befasst stellt man fest das alles

auch immer das gleiche zum Ziel hat.
Den Weg des geringsten Wiederstandes bei größtmöglicher Wirkung. Auch in der Natur gibt es verblüffende Beispiele der Genialität mit der alles wie für einander geschaffen entsteht und zusammenwirkt um dieser Tendenz zu entsprechen.
Eine Zielgerichtete Entwicklung wie die Evolution ist neben der Zeit Bestandteil dieser Entwicklung und wichtigstes Werkzeug Gottes bei seinem Schöpfungswerk.
Ein Zufallsprodukt sieht anders aus und wäre weitaus weniger Zielgerichtet. Die Zufälle die zu unserer Entwicklung geführt haben sind aber alle auf einander ausgerichtet gewesen und von geplanter gesamt Richtung mit uns zum Ziel.
Wesen aus Energie, Lichtgestalten mit erstaunlichen Fähigkeiten werden das Höchste sein was unser Kontinuum hervorbringen kann. Diesen Auftrag hat die Energie in unserem Universum.
Neben diesen Lichtgestalten haben sich aber auch unzählige andere Bewusstsein eine Seele erzeugt die unbeschadet den Übergang ins Kontinuum bewältigen konnten. Diese müssen sich aber wieder einem neuen Durchgang der Gesamtenergie in diesem Kontinuum nach einem erneutem Urknall stellen nach dem sie ihre Seele weiter perfektionieren können um dann Aufzusteigen in diese nächste Größenordnung über unserer Dimension.
Bis dahin könnten sie durchaus auch noch auf Erden als Geist be-

stehen oder wenn sie möchten noch einmal als Tier erscheinen wenn sie nicht wieder als Mensch erscheinen möchten, wer weiß? Genauere Bestimmungen in diesem Zustand bleiben uns vorerst noch verborgen.
Diese nächsthöhere Dimension gewinnt an Bewohnern. Vermutlich werden sich nur die Besten unter ihnen mit solchen Abläufen in der Entwicklung befassen dürfen wie bei uns. Oder nur einer? Aber die Anzahl der Möglichkeiten schlägt wieder jedes Vorstellungsvermögen. Die Anzahl der einzelnen Teilchen aus Energie die zu so einem Prozess benutzt werden können ist höher als endlos. Aber wenn einer die Zeit dafür hätte könnte er sie auch zählen. Doch bei dieser Anzahl ist es wohl sinnvoller sich für einzelne Teilchen zu entscheiden mit denen man sich dann perfekt befassen kann.
Ich würde dafür nur Wesen erwählen die sich hervorragend bewährt hätten, die also vor Gott mehr als gut dastehen.
So wie die Erzengel die wohl an seiner Seite neben ihm und seinem Sohn in der Dimension über den unseren sitzen dürften. Von dort aus beraten sie bestimmt gemeinsam wie sie im Einzelnen vorgehen wollen um die Entwicklungen in den Juniversen zu gestalten damit sie ihren Zweck erfüllen können.
Oder diese unzähligen Einzelbewusstsein bilden vielleicht zusammen alle nur ein Wesen aus dem Alles besteht.
Das war doch das Ziel, gemeinsam zum Erfolg zu kommen und bei möglichst geringem Energieaufwand eine Verbesserung des Ge-

samtergebnisses zu erreichen.

Es ist vielleicht sogar Gott selbst der hierbei über sich selbst nachdenkt und Kraft dieser Gedanken die, wie wir jetzt wissen eine Energieform auf Quantenbasis ist, Dinge in sich bewirkt die er natürlich gestaltet wie es ihm am besten gefällt.

Wir sollten besser auf seine Worte hören die heute leider nur noch geschrieben stehen da seine Originalstimme ja auch unendlich laut für uns wäre. Wir sollten ein bisschen mehr denken wie Gott.

Es handelt sich hier um sein Eigentum oder etwas das ihm anvertraut wurde um dessen Entwicklung zu überwachen und zu steuern. Es verdient allein deshalb schon Respekt vor den kleinsten Teilen. Und es kann genauso klein sein wie das Größte groß ist.

Wir sind Gäste in seinem riesigem Haus mit vielen kleinen Stuben!

Bevor für Gott etwas gut ist muss es erst einmal seine Güte erreichen und beweisen das es seiner Beachtung wert ist.

Das wir das Zeug dazu haben setze ich diesem Plan voraus.

Dafür das er uns nach seinem Ebenbild geschaffen hat erwartet er vielleicht sogar das wir auch seine Fähigkeiten erlernen auf unserem Weg durch die Zeiten. Falls wir je seine Dimension erreichen können was wären wir schon ohne sein Eingreifen. Affen?

Wahrscheinlich nicht. Eher nur dumme Menschen. Sein Abbild schmückt uns dabei nach wie vor.

Sein Aussehen erkennen wir am offensichtlichsten an seinem

Sohn. Sein erscheinen auf Erden war offenbar nur durch eine jungfräuliche Geburt möglich da ein Dimensionen Wechsel nur auf Quantenebene möglich war. Als Gott dann mittels Gedankenenergie eine Zellteilung in Marias Eizelle auslöste musste die dafür benötigte genetische Information in Form von Chromosomen, die sich aus seiner Gedankenenergie transformiert haben müssten, kompatibel mit der Marias gewesen sein um eine Zellteilung auszulösen. Also von einer Art gewesen sein also der unseren sehr zu gleichen scheint oder gar die Selbe ist.

Den Start dieser Entwicklung die bei uns immer durch einen Evolutionsschritt ausgelöst wurde mussten wir immer selbst einleiten indem wir unsere Bereitschaft demonstriert haben dadurch das wir die nötigen Fähigkeiten erkannt haben.

Die Zusammenarbeit der Einzelindividuen ist wie immer auch hier Voraussetzung gewesen.

Diese Prozedur der sich die Materie hier unterzieht führt am Ende zu einer noch viel stärkeren Energiequelle die aus sich selbst erwächst. Scheinbar wie aus dem Nichts. Aber Grenzen wie unendlich groß oder klein scheint es dort nicht zu geben. Auch Nichts würde es nicht geben! Aber wann ist immer oder wie lange ist ewig?

Am Ende sieht man deutlich das alle Materie aus Teilchen zusammengesetzt ist die von einem bewusst handelndem Teilchen zusammengehalten werden das Kontakt zu allen anderen Teilchen hat. Es ist im Kleinsten vorhanden und im Größten. Als Quark um ein Proton das den Zusammenhalt seiner 24 Bausteine gewährleistet. Oder um als Kontinuum das Universum zu umgeben und zu formen. Es ist das Bewusstsein der Energie welches die Materie letztlich geschaffen hat aus der es entstand.

Das erklärt auch mir leider immer noch nicht wo, wem, wie, wann oder aus was es entstanden ist. Man müsste schlussfolgern das es sich selbst erschaffen hat und schon immer besteht.

Nur spielen zeitliche Begriffe wie immer, nie oder endlos bei dimensionalen Abläufen wie diesem keine Rolle mehr da auch diese Unterschiede ins unendliche verlaufen.

Aber über mehr als wir sehen können kommen wir selbst in Gedanken nicht weit hinaus. Weshalb uns das Abschauen so erfolgreich gelungen ist. Man hatte gesehen das es möglich war und imitierte es erfolgreich.

Weil wir den Anfang von etwas noch nicht sehen können glauben wir auch oft nicht an dessen Existenz.

Da unsere Neugier aber auch endlos zu sein scheint, und hier ist endlos wohl ein perfektes Maß, geben wir uns lieber mit dem zufrieden was wir wissen und glauben besser an den guten Zweck.

Das ganze muss ja auch wieder irgendeinen Zweck erfüllen um den Einsatz der Energie die hierbei benötigt wird zu rechtfertigen.

Ich gebe mich mit dem zufrieden was ich bisher darüber erfahren

habe und erkenne demütig meinen Platz in diesem Szenario.
Falls meine Zeitangaben um +/- 1000 Jahre oder mehr abweichen dann verurteilen sie dieses Buch nicht gleich. Bedenken Sie die wiederholten Datumsänderungen im Mittelalter die unternommen wurden um, wegen der ein oder anderen Person die dazu in der Lage war die das bewirkt hatte, Tatsachen zu verschleiern oder sie ganz aus der Geschichtsschreibung zu entfernen. Ich hörte von mehreren Prozeduren dieser Art um die Regentschaft einiger Könige in einem Zeitraum erscheinen zu lassen der eine signifikante Jahreszahl trägt. Ganze Jahrhunderte wurden so einfach aus unserer Geschichtsschreibung gelöscht um beispielsweise einen weiblichen Papst zu vertuschen. Keiner von uns war dabei und kann das Gegenteil behaupten. Wer weiß was der Weltöffentlichkeit mit dieser Vorgehensweise schon alles verschwiegen wurde! Natürlich kann man Tatsachen die auf materiellen Füßen stehen, wie archäologische Funde, nicht so leicht verschleiern. Aber deren Alter kann durch die vorgenannte Veränderung schon ein wenig von dem abweichen welches wissenschaftlich tatsächlich ermittelt wurde.
Zudem sind alle Zeitlichen und wissenschaftlichen Angaben die ich hier gemacht gemacht habe aus zweiter Hand. Ich habe keines dieser Angegebenen Experimente direkt mitverfolgt oder war dabei. Über andere Tatsachen wäre ich nicht überrascht aus angegebenen Gründen. Aber die Informationen die ich recherchiert habe wurden aus meiner Sicht kombiniert und obwohl ich auch kein Wis-

senschaftler irgendeiner der genannten Fachrichtung bin ergeben sich für mich doch diese eindeutigen Zusammenhänge.

P.S.

All dieses Wissen ist jedem in allen offenen Medien die unsere Zivilisation derzeit jedem zur Verfügung stellt frei zugänglich.

Es steht ihnen natürlich auch frei zur Verfügung und Sie haben die Möglichkeit Sich ein anderes Bild zu machen als mir das hier vielleicht gelungen ist. Aber die Fakten die ich dafür herbeigezogen habe entsprechen dem heutigen Wissensstand und die Ergebnisse werden lediglich von mir auf meine Weise interpretiert.

Jeder kann auch zu einem anderen Schluss kommen.

Aber das Bild das sich aus diesem Puzzle an Informationen und Erkenntnissen ergibt bleibt doch immer das gleiche egal aus welcher Richtung man es betrachtet oder an welcher Ecke man beginnt dieses Stückwerk zusammenzusetzen.

Ich komme aber zu dem Fazit das alles immer mit einander verbunden ist und wir niemals alleine waren und auch niemals sein werden. Überall befindet sich immer ein Bewusstsein das den ganzen Ablauf genau registriert und dementsprechende Reaktionen begünstigt oder verwirft.

Wir können mitmachen und seine Vorteile genießen oder es sein lassen. Den freien Willen uns dafür oder dagegen zu entscheiden ist jedem von uns vorinstalliert.

Bleibt die Frage ob wir noch länger die freie Wahl haben.

Solange wir immer wieder neue Kriegsbeile ausgraben anstatt die alten zu begraben werden wir bald keine Wahl mehr haben.
Oder würden Sie sich trauen einen solch zerstrittenen Planeten zu besuchen um die Bewusstsein seiner Bewohner für sich zu gewinnen?
Der Nächste Besuch würde dann sicher friedlichere Zivilisationen bevorzugen. Die letzten Besuche endeten ja leider tragisch.
Aus diesem Grund ist auch die Lichtgeschwindigkeit ein gewolltes Regulativ dessen Auswirkungen auf unsere Fortbewegung sich diese Energie bewusst bedient. Die vermutlich zahlreichen Intelligenten Lebensformen, unter denen sich immer nur wenige hoch entwickelte gleichzeitig auf einem Planeten befinden können somit selber entscheiden ob sie mit Zivilisationen wie unserer, denen es noch nicht möglich ist diese Entfernungen zu bewältigen, Kontakt aufzunehmen. Diese hochentwickelten Zivilisationen verfügen nicht nur über Antriebe mit denen sie die Lichtgeschwindigkeit erreichen und mehrfach übertreffen können. Sie verfügen offensichtlich auch über andere Kommunikationswege als die Radiotelemetrie die der Lichtgeschwindigkeit unterliegt. Weshalb wir auch in Zukunft keine Radio Signale von ihnen empfangen werden. Es sei denn sie wollen es. Für ihre übliche Signalart haben wir ja noch keine Empfangsgeräte. Unsere Signale können sie jedoch schon seit geraumer Zeit empfangen und sie werden sich den Zeitpunkt

gründlich aussuchen an dem sie uns wieder besuchen werden. Das sie früher schon öfter zu Besuch waren habe ich schon geschrieben. Sie sind immer nach dem Entstehen von Hochkulturen und zu den geplanten Zeitpunkten eingetroffen. Neben den festgelegten Besuchsterminen wurden aber auch andere Zeitpunkte gewählt für die sie sich entschieden haben. Für eine Kontrolle in Echtzeit also von hier auf jetzt benutzen sie sicher für uns unbekannte Kanäle.

Aber die Zeit läuft ab und ich kann mir nur schwer vorstellen das bis zum nächsten vorgesehenen Zeitpunkt für einen Besuch Weltfrieden einkehrt. Wenn wir Glück haben reicht denen eine fundierte Einsicht und deutliche Zeichen der Friedfertigkeit.

Möglicherweise ist es ja schon lange geplant und Ewigkeiten vorbereitet worden das die Menschheit, sicher nur einigen ausgewählten unter den bis jetzt 7 Milliarden verschiedenen, unsere Zivilisation auf einem oder mehreren der nicht nur von mir vermuteten unzähligen erdähnlichen Planeten in unserem Universum verteilt. Nicht nur um der Menschheit neuen Lebensraum zu erschließen sondern um das vermutliche Erfolgsrezept „Mensch“, dem es gelungen ist Bewusstseinsenergie zu produzieren die dann in Seelenform anderen Lebewesen Formen geben kann in denen auch sie diese Bewusstseinsenergie produzieren, über das ganze Universum zu verteilen. Zuerst wäre natürlich unsere eigene Galaxie dran. Aber im Endeffekt wahrscheinlich auch das gesamte

Universum. „Wachset und mehrt Euch“ war doch Gottes klare Anweisung zu Beginn im Paradies. Aber auch Voraussetzung für unser dauerhaftes Bestehen auf der Erde. Aber die Erde platzt langsam aus allen Nähten und nicht nur die Nahrung wird knapp werden wenn wir die irdische Bevölkerungsexplosion nicht in den Griff bekommen. Wir treten uns mehr und mehr auf die Füße. Die Erde müsste theoretisch jetzt schon doppelt bis drei Mal so groß sein wie jetzt um jeden Menschen der heute auf ihr lebt zu ernähren. Das unsere Versorgung bis jetzt ausreicht liegt aber an dem unverschämten Wohlstandsgefälle das besteht. 10% der Erdbevölkerung verfügen über 80% aller Finanzen und Rohstoffe die unsere Versorgung aufrechterhalten. 90% der Menschheit leben in Armut unter schlimmsten Bedingungen. Deren Armut ist unser Reichtum und die Stimmen mehren sich die eine gerechtere Verteilung fordern um auch deren überleben zu ermöglichen.

Wie gesagt, man wartet auf ein deutliches Zeichen von uns bevor wir dazu in die Lage versetzt werden uns über die Erde hinaus zu verbreiten. Wir können nur hoffen das man bis dahin zur Einsicht gekommen ist.

Ich will ja nicht unken aber genug Auswahl ist immer vorhanden. Dennoch bleibt die Möglichkeit solch einer Entwicklung auf einem Planeten wie unserem immer noch ein Juwel in den Weiten unseres Universums und jede andere Zivilisation auf Planeten mit erdähnlichen Bedingungen wird sich auch selber eine lange Zeit fragen ob sie die Einzigen sind im Universum.

Wir können von Glück reden wenn man uns noch weiter so gewähren lässt. Schließlich sind wir drauf und dran unseren Planeten unbewohnbar zu machen. Ein weiteres fahrlässiges Verhalten wie das der Menschheit seit langem könnte drastische Konsequenzen mit sich bringen. Die kontinuierlich anwachsende Entfernung zwischen den Sternensystemen und Ihren Galaxien steigert natürlich die Rarität solcher Planeten unter all den lebensfeindlichen Orten in unserem Universum. Und wenn wir weiter mit unserer unersättlichen Gier nach Rohstoffen fortfahren und damit auch noch die letzten unberührten Refugien zerstören um unseren Wohlstand zu sichern dann könnte uns die Voraussetzung dieser Lebensweise entzogen werden um genügsameren Wesen den vortritt zu lassen. Wie gesagt genügend Auswahl ist vorhanden.

P.P.S.

Falls ich mit meiner Vermutung richtig liege brauchen wir uns am 21.12.12 nicht weiter vor einem Weltuntergang zu fürchten.
An diesem Tag wird wahrscheinlich etwas wunderbares geschehen. Es wird sich etwas Grundlegendes ändern.
Ich kann natürlich auch nicht wissen was das ist aber meinen Tipp dazu habt Ihr in diesem Buch bereits gelesen. Mit dieser Veränderung werden dann aber sicher auch einige Forderungen an uns gestellt werden. Damit müssten wir dann aber dank dieser Veränderung locker fertig werden.
Übrigens, erst kürzlich haben Archäologen einen weiteren Maja Kalender in Guatemala bei Xultun entdeckt. Dieser Kalender hat angeblich schon vor etwa 1000 Jahren begonnen und reicht weitere 7000 Jahre in die Zukunft. Manche mögen deshalb meine Voraussagen für Humbug halten, aber dieser neuere Kalender bestätigt doch nur meine Annahme das uns das Ende nicht an diesem durch den alten Kalender markierten Datum ereilt. Wir werden einen entscheidenden Schritt in unserer Entwicklung machen dürfen und damit auf dieser Erde noch lange Gutes tun können.
Wenn es denn so weit kommt!